职业教育理实一体化创新规划教材

电工基础与实训

主　编　陈圣鑫　唐素玲

副主编　杨　华　田建辉　杨　明

主　审　毛　赞

电子工业出版社·

Publishing House of Electronics Industry

北京·BEIJING

内 容 简 介

本书以生活中常见的电工产品为载体，系统地介绍了电路基础知识、简单直流电路、复杂直流电路、磁场与电磁感应、单相交流电路和三相交流电路。并将行业部门的中高级技术工人考核标准、近年来全国职业院校中职学生组电工电子技能大赛竞赛考核标准灵活应用到本书当中。本书从职业院校中职学生的实际出发，通过对简单电气设备及常用电路的制作、装配、调试和检修；对电路的组成和原理分析，既培养了学生学习电工知识的兴趣，又掌握电工基本理论知识，理论和实践操作技能有机结合。

图书在版编目（CIP）数据

电工基础与实训 / 陈圣鑫，唐素玲主编. —北京：电子工业出版社，2017.9

ISBN 978-7-121-31991-4

Ⅰ．①电… Ⅱ．①陈… ②唐… Ⅲ．①电工—中等专业学校—教材 Ⅳ．①TM1

中国版本图书馆 CIP 数据核字（2017）第 139778 号

策划编辑：郑　华
责任编辑：裴　杰
印　　刷：涿州市京南印刷厂
装　　订：涿州市京南印刷厂
出版发行：电子工业出版社
　　　　　北京市海淀区万寿路 173 信箱　邮编　100036
开　　本：787×1 092　1/16　印张：9.75　字数：249.6 千字
版　　次：2017 年 9 月第 1 版
印　　次：2022 年 6 月第 11 次印刷
定　　价：29.80 元

凡所购买电子工业出版社图书有缺损问题，请向购买书店调换。若书店售缺，请与本社发行部联系，联系及邮购电话：（010）88254888，88258888。

质量投诉请发邮件至 zlts@phei.com.cn，盗版侵权举报请发邮件至 dbqq@phei.com.cn。

本书咨询联系方式：（010）88254988，3253685715@qq.com。

前 言
PREFACE

本套教材按照《全国中等职业学校电子技术应用专业教学标准》和国家职业资格标准以及中职学生的认知规律和个体发展特点，以职业学习活动为导向，以校企合作为基础，以综合职业能力培养为核心，理论教学与技能操作融会贯通进行编写，体现以下特点。

1. 由浅入深、由易到难，图文并茂，通俗易懂，突出"因需施教""因需而学"的特点，尽量满足学生发展和企业用工需求。

2. 为了转变技能人才培养模式，加快职业院校改革发展，本套教材的宗旨是以学习理论知识和操作技能为主线，在内容上突出实用性，打破常规的编写模式，采用"项目+任务十学习活动"的方式进行教学，使得学习者有的放矢，学习目标更明确，追求最佳的教学效果，最终达到学生毕业与就业无缝对接的目的。每个项目都设有项目描述、学习任务、学习目标、学习工具、学习方法和课时安排，每个学习任务都包括任务分析、相关背景知识介绍、任务实施、任务评价。

3. 本套教材注重综合职业能力培养。强化电路的读图识图能力；电气元件的认识、检测、判断；实用新型电路装配、制作、调试、检修；交直流电路组成和原理分析。使工学有机结合，努力做到学以致用，与企业实际操作无缝接轨。

4. 在形式上打破传统《电工基础》教材纯理论教学的编写模式，在内容上突破了传统教材的结构体例，在国内《电工基础》职业教育培训教材领域中取得突破性进展。理论和实践操作技能有机结合。

本书是由陈圣鑫组织课题组成员在企业调研基础上，按照行业标准和职业资格标准，参照工学结合一体化课改的需求编写的。项目一和项目二由唐素玲编写；项目三由田建辉编写；项目四由陈圣鑫编写；项目五由杨明编写；项目六由杨华编写。全书由陈圣鑫修改、整理和统稿。

由于编者知识水平所限，加之收集资料广泛而时间仓促，书中难免有不妥之处，期待各界专家和读者提出宝贵意见！

编　者

目 录
CONTENTS

电工工具和万用表的使用

项目描述

所谓"工欲善其事，必先利其器"，正确使用工具，是维修电工的基本功，是实现安全操作的首要条件，做一名合格的维修电工，就必须掌握维修电工的基本操作技能，维修电工的基本技能很多，本项目中主要完成常用电工工具与电工仪表的使用，教学过程中要结合实物，做到教、学、做相互交融，为今后的技能训练与理实一体化教学做好准备。

学习任务

任务 1　常用电工工具的使用

任务 2　MF47 型万用表的使用

学习目标

1. 知识目标：熟悉常用电工工具仪表的外形结构和用途。
2. 技能目标：能识别并正确使用常用电工工具及仪表。
3. 情感目标：增强学生严谨认真的学习态度，树立企业"6S 管理"意识。

学习工具

1. 电工工具一套，MF47 型万用表一块。
2. 计算机、网络等多媒体现代化终端设备。

学习方法

练习法、任务驱动法、自主学习法。

课时安排

建议 32 个学时。

任务 1 常用电工工具的使用

一、任务介绍

电工常用工具是指电工维修必备的工具，包括验电笔、钢丝钳、电工刀、旋具和扳手等。现在很多技术人员不太重视工具的正确使用方法，操作过程不规范，导致不能顺利完成设备的维修，本学习任务将对维修电工工具及使用方法做出详细介绍。

二、任务分析

为了完成常用电工工具与电工仪表的学习，教学过程中要结合实物，做到教、做、学相互交融，为今后的技能训练与理实一体化教学做好准备。

三、知识导航

电工常用的工具有验电笔、电工刀、螺丝刀、钢丝钳、尖嘴钳、剥线钳、电烙铁等。

1. 验电笔

低压验电器（图 1-1-1）又称试电笔，是检验导线、电器和电气设备是否带电的一种常用工具。

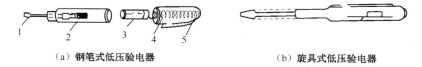

（a）钢笔式低压验电器　　　　　　　　（b）旋具式低压验电器

图 1-1-1　低压验电器

使用时，必须手指触及笔尾的金属部分，并使氖管小窗背光且朝向自己，以便观测氖管的亮暗程度，防止因光线太强造成误判断，其使用方法如图 1-1-2 所示。

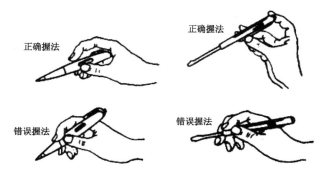

正确握法　　　　　　　　正确握法

错误握法　　　　　　　　错误握法

图 1-1-2　验电笔的使用方法

当用电笔测试带电体时，电流经带电体、电笔、人体及大地形成通电回路，只要带电体与大地之间的电位差超过60V时，电笔中的氖管就会发光。低压验电器检测的电压范围为60～500V。

注意事项

（1）使用前，必须在有电源处对验电器进行测试，以证明该验电器确实良好，方可使用。

（2）验电时，应使验电器逐渐靠近被测物体，直至氖管发亮，不可直接接触被测物体。

（3）验电时，手指必须触及笔尾的金属体，否则带电体也会误判为非带电体。

（4）验电时，要防止手指触及笔尖的金属部分，以免造成触电事故。

2. 电工刀

电工刀（图1-1-3）适用于电工在装配维修工作中剥削导线绝缘外皮，以及剥削木桩和割断绳索等。

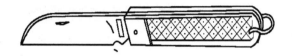

图1-1-3 电工刀的外形

注意事项

（1）不得用于带电作业，以免触电。

（2）应将刀口朝外剖削，并注意避免伤及手指。

（3）剖削导线绝缘层时，应使刀面与导线成较小的锐角，以免割伤导线。

（4）使用完毕，随即将刀身折进刀柄。

3. 螺钉旋具

螺丝刀又称"起子"、螺钉旋具等。其头部形状有一字形和十字形（图1-1-4）两种。

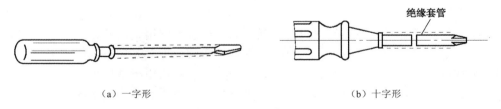

绝缘套管

（a）一字形　　　　　　　　　　　　　　（b）十字形

图1-1-4 螺丝刀的形状

注意事项

（1）带电作业时，手不可触及螺丝刀的金属杆，以免发生触电事故。

（2）作为电工，不应使用金属杆直通握柄顶部的螺丝刀。

（3）为防止金属杆触碰到人体或邻近带电体，金属杆应套上绝缘管。

4. 钢丝钳

钢丝钳在电工作业时，用途广泛。钳口可用来弯绞或钳夹导线线头；齿口可用来紧固或起松螺母；刀口可用来剪切导线或剥削导线绝缘层；铡口可用来铡切导线线芯、钢丝等较硬线材。钢丝钳各用途的使用方法如图 1-1-5 所示。

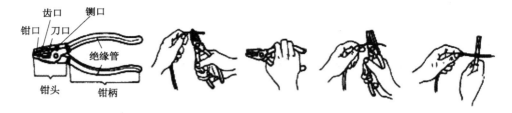

图 1-1-5 钢丝钳构造及用途

注意事项

（1）使用前，检查钢丝钳绝缘是否良好，以免带电作业时造成触电事故。

（2）在带电剪切导线时，不得用刀口同时剪切不同电位的两根线（如相线与零线、相线与相线等），以免发生短路事故。

5. 尖嘴钳

尖嘴钳因其头部尖细（图 1-1-6），适用于在狭小的工作空间操作。尖嘴钳可用来剪断较细小的导线，也可用来夹持较小的螺钉、螺帽、垫圈、导线等，也可用来对单股导线整形（如平直、弯曲等）。若使用尖嘴钳带电作业，应检查其绝缘是否良好，并在作业时金属部分不要触及人体或邻近的带电体。

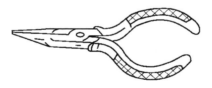

图 1-1-6 尖嘴钳

6. 斜口钳

电工中经常用到头部偏斜的斜口钳，又名断线钳，专门用于剪断较粗的电线和其他金属丝，其柄部为绝缘柄，如图 1-1-7 所示。在剪切导线，尤其是剪掉焊接点上多余的导线和印制板安放插件后过长的引线时，选用斜口钳最好。斜口钳还常用来代替一般剪刀剪切绝缘套管、尼龙扎线卡等，斜口钳的握法与尖嘴钳的握法相同，斜口钳的使用注意事项与尖嘴钳大体相同，不允许用斜口钳剪切螺钉及较粗的钢丝等，否则易损坏钳口。

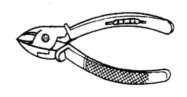

图 1-1-7 斜口钳

7. 剥线钳

剥线钳用来剥削截面积 $6mm^2$ 以下塑料或橡胶绝缘导线的绝缘层，由钳口和手柄两部分组成。其外形如图 1-1-8 所示。

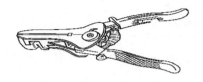

图 1-1-8　剥线钳

使用剥线钳剥削导线绝缘层时，先将要剥削的绝缘长度用标尺定好，然后将导线放入相应的刃口中（比导线直径稍大），再用手将钳柄一握，导线的绝缘层即被剥离。

8. 电烙铁

焊接前，一般要把焊头的氧化层除去，并用焊剂进行上锡处理，使得焊头的前端经常保持一层薄锡，以防止氧化、减少能耗、导热良好。电烙铁的握法没有统一的要求，以不易疲劳、操作方便为原则，一般有笔握法和拳握法两种，如图 1-1-9 所示。

用电烙铁焊接导线时，必须使用焊料和焊剂。焊料一般为丝状焊锡或纯锡，常见的有松香、焊膏等。对焊接的基本要求是：焊点必须牢固，锡液必须充分渗透，焊点表面光滑有光泽，应防止出现"虚焊""夹生焊"。产生"虚焊"的原因是焊件表面未清除干净或焊剂太少，使得焊锡不能充分流动，造成焊件表面挂锡太少，焊件之间未能充分固定；造成"夹生焊"的原因是烙铁温度过低或焊接时烙铁停留时间太短，焊锡未能充分熔化。

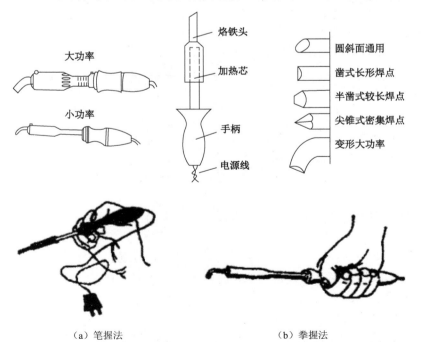

（a）笔握法　　　　　　　　　　　　（b）拳握法

图 1-1-9　电烙铁的握法

注意事项

（1）使用前应检查电源线是否良好，有无被烫伤。

（2）焊接电子类元件（特别是集成块）时，应采用防漏电等安全措施。

（3）当焊头因氧化而不"吃锡"时，不可硬烧。

（4）当焊头上锡较多不便焊接时，不可甩锡，不可敲击。

（5）焊接较小元件时，时间不宜过长，以免因热损坏元件或绝缘。

（6）焊接完毕后，应拔去电源插头，将电烙铁置于金属支架上，以防止烫伤或火灾的发生。

四、任务实施

1. 电工工具的名称和作用

正确识别出各电工工具的名称、作用，并记录于表 1-1-1 中。

表 1-1-1　常用电工工具使用情况记录表

工具名称	型号	基本结构组成	主要用途	工具使用过程记录

2. 电工工具的使用

1）验电笔

用验电笔检测闭合实训室电源三孔插座各插孔电压的情况。

（1）闭合实训室电源开关，用手握住测电笔尾部的金属部分，用测电笔的尖端探入其相线端插孔中，观察测电笔的氖管是否发光，再分别插入另外两个插孔中，观察氖管发光情况。

（2）断开实训室电源开关，再分别测试各插孔中的电压情况。

2）螺丝刀

用螺丝刀在木板上拧装一字口、十字口自攻螺钉各 5 颗。使用与螺钉槽口尺寸相一致的螺丝刀，将刀口压紧螺钉槽口，然后顺时针旋动螺丝刀，将螺钉约 5/6 的长度旋入木板中，注意应垂直旋入，不要旋歪。

3）钢丝钳和尖嘴钳

（1）用钢丝钳或尖嘴钳的钳口将旋入木板中的螺钉端部夹持住，再逆时针方向旋出螺钉。

（2）用钢丝钳或尖嘴钳的刀口将多芯导线、单芯硬线分别剪为 5 段。

（3）用尖嘴钳将单股导线的端头剥除绝缘层，再将端头弯成一定圆弧的接线端子。

4）剥线钳

将用钢丝钳剪断的 5 段多芯软导线进行端头绝缘层的去除，注意剥线钳的孔径选择要与导线的线径相符。

任务2　MF47 型万用表的使用

一、任务介绍

万用表是学习电气专业最常见的一种仪表，熟悉并掌握其工作原理及使用方法极为重要。万用表分为模拟式和数字式两种，在模拟万用表中，MF47 型万用表是我们工作和学习上最常见的一种仪表，我们应该在熟悉它的基本原理的同时掌握其使用方法。

二、任务分析

在本学习任务中，通过对万用表的学习，在教学过程中做到教、做、学相互交融，使同学们能够掌握正确使用万用表测量电阻、交直流电压、电流的操作。

三、知识导航

（一）万用表使用前的准备

1. 装电池

万用表使用前，要装好干电池，电池分别为 1.5V、9V 两种规格。

2. 表笔的插接

万用表配有两只表笔（黑、红各一只），使用万用表时，要将黑表笔插接到 MF47 型万用表右下角的“COM”插孔内，红表笔一般情况下插接到标有“＋”符号的正极插孔内。

3. 刻度盘

刻度盘上有多条对应于不同测量项目的刻度线，同时为了减少读数误差而设置了反光镜。在万用表测量过程中读数时，眼睛、万用表的实际指针、反光镜中的指针三者要在一条直线上（读数时眼睛要在指针的正上方，看不到反光镜中的指针即说明三者在一条直线上）。

4. 机械零位

万用表的机械零位，也称电压（或电流）零位，如图 1-2-1 所示。它是指的万用表在不进行任何测量项目的时候，指针应该在表盘刻度线右边的零位，如果有较大距离的偏离，则需要调整“机械调零螺口”。

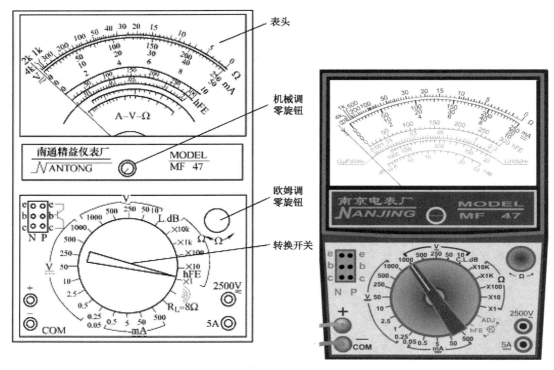

图 1-2-1　MF47 型万用表面板

（二）万用表的交流电压挡

1. 挡位

MF47 型万用表的交流电压挡，共有 6 个挡位，分别为 10V、50V、250V、500V、1000V、2500V，不同的挡位能够测量的最大电压值不同，例如，当将转换开关转换到 50V 挡位，能够测量的最大电压为 50V，亦即当万用表的指针满偏时，电压值是 50V。

2. 高电压插孔

当用万用表测量高于 1000V 而低于 2500V 的较高电压时，需要将万用表的红表笔，从正极插孔拔出，插接到 2500V 电压专用插孔，黑表笔保持不动（此时，表的量程要旋至交流电压 1000V 量程位置）。

3. 量程的选择

测量时，要选择合适的量程，量程太大影响测量精度，太小又不能读出其确切值。具体的选择方法是：如果已知被测电压的大概值，可以选择和它最接近（但要大于该值）的量程；而完全不知道被测电压值时，应该选择最大量程，然后根据指针的偏转情况，适当地改变量程。

4. 红、黑表笔测量时的区别

测量交流电压时，红黑表笔是不用做任何区分的，也就是说，测量时两个表笔任意分别接触测量信号的一端即可。

5. 万用表和电路的连接方式

在进行交流电压的测量时，要将万用表和被测电路并联。

6. 10V 交流挡专用刻度线

当万用表转换到 10V 交流挡位进行测量时，对应的刻度线是万用表刻度盘上的第二条（从外向里数）刻度线，即红色的那条。此刻度线，共有 10 个大格，也就是说每一个大格所代表的电压是 1V。每个大格又分为 5 个小格，当然一个小格的电压就是 0.2V。其对应的刻度数在第三条刻度线的下方（即和第三条刻度线共用刻度数）。

这条刻度线的特点是刻度线起始部位稍微有些不均匀。

7. 通用刻度线

除 10V 交流挡以外，其他各个挡位在测量时，都要读第三条刻度线。此刻度线有 10 个大格，每个大格又分为 5 个小格，当使用不同的量程的时候，每个大格或者小格所代表的电压数值是不同的。例如，当万用表为 50V 量程时，每个大格代表的电压值是 5V，每个小格代表的电压值就是 1V 了，而当万用表为 1000V 量程时，每个大格代表的电压值是 100V，每个小格代表的电压值就变成 20V 了，所以这一点使用者一定要搞清楚。

为了使用者方便快捷地读数，此刻度线下方标注了 3 条刻度数。

（三）直流电压挡

1. 挡位

MF47 型万用表的直流电压挡，共有 8 个挡位，分别为 0.25V、0.5V、2.5V、10V、50V、250V、500V、1000V、2500V。和交流电压挡一样，不同的挡位所能够测量的最大电压值不同。量程的含义同交流电压挡。

2. 高电压插孔

当用万用表测量高于 1000V 而低于 2500V 的较高直流电压时，需要将万用表的红表笔从正极插孔拔出，插接到 2500V 电压专用插孔，黑表笔保持不动（此时，表的量程要旋至直流电压 1000V 量程位置）。

3. 量程的选择

和交流电压挡量程的选择原则一样。

4. 万用表和电路的连接方式

在进行直流电压的测量时，和测量交流电压一样，要将万用表和被测电路并联。

5. 红、黑表笔测量时的区别

在进行直流电压的测量时，必须注意区分黑、红两只表笔，也就是说，测量时要让红表笔接触被测电压的高电位端，黑表笔接触低电位端，表针才能够正偏而进行测量数值的读取。

当事先不知道被测电压哪一端电位高（低）时，要采用"试触"的方法，确定出高、低电位端，方可进行测量。

6. 刻度线

测量直流电压时，读刻度盘上的第三条刻度线（和交流电压的通用刻度线共用）。读数方法同测量交流电压。

（四）直流电流挡

1. 挡位

MF47 型万用表的直流电流挡，共有 5 个挡位，分别为 0.05 mA、0.5 mA、5 mA、50 mA、500 mA。和交流（或者直流）电压挡一样，不同的挡位所能够测量的最大值（电流）不同。量程的含义同交流电压挡。

2. 大电流插孔

当用万用表测量高于 500 mA 而低于 10A 的较大直流电流压时，需要将万用表的红表笔，从正极插孔拔出，插接到 10A 电流专用插孔，黑表笔保持不动（此时，表的量程要旋至直流电压 500 mA 量程位置）。

3. 量程的选择

和交流（或直流）电压挡量程的选择原则一样。

4. 万用表和电路的连接方式

在进行直流电流的测量时，和测量电压不同，这里要将万用表和被测电路串联。

5. 红、黑表笔测量时的区别

在进行直流电压的测量时，必须注意区分黑、红两只表笔，也就是说，测量时要让电流从红表笔流入万用表，从黑表笔流出，表针才能够正偏而进行测量数值的读取。

当事先不知道被测电流的实际流向时，要采用"试触"的方法，确定出实际流向，方可进行测量。

6. 刻度线

测量直流电压时，读刻度盘上的第三条刻度线（和交流电压、直流电压共用）。读数方法同测量交流（直流）电压。

（五）电阻挡

万用表的电阻挡和其他项目挡位具有非常大的差异，其中之一便是：如果万用表内不装电池的话，可以进行电压、电流的测量，而无法进行电阻的测量。换句话说，万用表内的电池，是为电阻挡使用的。

1. 挡位

MF47 型万用表的电阻挡，共有 5 个挡位，分别为×1、×10、×100、×1K、×10K。万用表电阻挡量程的含义和交流（或者直流）电压挡完全不同，电阻挡的量程是电阻指针在电阻刻度线上指示数值的倍率，亦即电阻的测量值 = 指针指示数值 × 量程（倍率）。

2. 刻度线

测量电阻时，读刻度盘上的第一条刻度线。

3. 量程的选择

在测量电阻时，为了减小测量以及读数误差，应尽可能地通过改换量程，使指针指示在万用表刻度线的中间部位（中间 3/5 范围内）。

4. 欧姆调零

万用表在使用电阻挡进行电阻测量时候，一定要进行欧姆调零。具体方法是：把万用表的黑红表笔短接（笔尖捏在一起），看万用表的指针是否在欧姆零位（注意：电阻挡的欧姆零位在刻度线的最右端），如果不在，要通过旋转欧姆调零旋钮，使指针指示在欧姆零位。

尤其注意的是，在电阻的某个挡位欧姆调零完毕后，如果需要改换量程测量时，必须进行重新调零，也就是说，万用表欧姆挡测试时，要进行欧姆调零，而且每改换一个量程都要重新进行欧姆调零。

如果调整调零旋钮不能使指针调整到欧姆零位，说明电池电量不足，这时候要更换表内电池。（×1、×10、×100、×1K 四个挡位（尤其小挡位）不能调零的话，需要更换表内 2 号电池；×10K 不能调零的话，则需要更换表内 9V 叠层电池）

5. 读数方法

万用表电阻挡进行电阻测量时的读数方法和电压、电流挡完全不同，测量值 = 指针的指示数值 × 量程（倍率）。

6. 表笔的输出电压

万用表打在电阻挡，黑、红两个表笔之间是有直流电压存在的，也就是说，可以把打在电阻挡的万用表看成一个电源，切记：黑表笔输出的是电压的正极，红表笔输出的是电压的负极。

（六）万用表使用注意事项

（1）正确选择被测对象和量程。

（2）正确选择表笔插孔。

（3）测量电阻前要断电并调零（每改变量程），指示在满刻度的 1/2 附近时较为准确。

（4）测量电容前要放电。

（5）测量电流万用表与被测元器件串联、测量电压万用表与被测元器件并联。指示在满刻度的 1/2～2/3 较为准确。

（6）测量时，手指不要触及表笔的金属部分和被测元器件。

（7）测量中不准转动选择开关。

（8）万用表使用完毕，应该将转换开关转换到交流电压最高挡位（1000V）。

（9）万用表长期不用，应该将表内电池取出。

四、任务实施

1. 用万用表测量直流电压（干电池 1.5V、9V、直流可调电源输出电压）。

2. 用万用表测量电阻（不同数值的电阻或电位器、电阻箱等可调电阻）。

3. 用万用表测量交流电压（220V 电压、变压器电压或交流调压器输出端电压）。

评估要求见表 1-2-1。

表 1-2-1　评估要求

序号	评估要求	
1	万用表的检查	
2	用万用表测交、直流电压	
3	用万用表测量电阻	
4	正确测量电阻的注意事项	
5	测量完毕后的结束工作	
6	备注：损坏万用表，触电，此题 0 分	

如图 1-2-2 所示为表盘刻度。

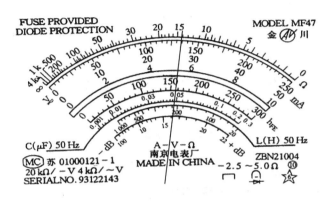

图 1-2-2　表盘刻度

练一练

检测表 1-2-2 中的各测量项目。

表 1-2-2　测量各项目

测量项目	量程	读数
电阻	×1	14Ω
	×10	140Ω
	×100	1.4kΩ
	×1k	14kΩ
	×10k	140kΩ
直流电压	2.5V	1.35V
	10V	5.4V
	50V	27V
	250V	135V
	1kV	540V
直流电流	0.5mA	0.27 mA
	5mA	2.7 mA
	50mA	27 mA
	500mA	270 mA
～10V	10V	5.4 V
交流电压	50V	27V
	250V	135V
	500V	270V

识读注意事项

（1）根据量程选择刻度线与刻度。

（2）注意识读非均匀刻度的读数。

项目评价

1．每组选派一名代表以 PPT、录像或影片的形式向全班展示、汇报学习成果。

2．在每位代表展示结束后，其他每组选派一名代表进行简要点评。

学生代表点评记录：

3．项目评价内容

填写项目评价表 1-2-3。

表 1-2-3　项目评价表

评价内容	学习任务	配分	评分标准	得分
专业能力	任务 1 常用电工工具的使用	40	能正确使用电工工具得 30 分；符合操作规程，人员设备安全得 5 分；遵守纪律，积极合作，工位整洁得 5 分。损坏设备和零件，此题不得分	
	任务 2 MF47 型万用表的使用	40	能正确使用电工工具得 30 分；符合操作规程，人员设备安全得 5 分；遵守纪律，积极合作，工位整洁得 5 分。损坏设备和零件，此题不得分	
方法能力	任务 1～2 整个工作过程	10	信息收集和筛选能力、制订工作计划、独立决策、自我评价和接受他人评价的承受能力、测试方法、计算机应用能力。根据任务 1～2 工作过程表现得分	
社会能力	任务 1～2 整个工作过程	10	团队协作能力、沟通能力、对环境的使用能力、心理承受能力。根据任务 1～2 工作过程表现得分	
总得分				

4．指导老师总结与点评记录

5．学习总结

思考与练习

一、填空题

1. 万用表是一种用来测量_____、_____、_____和_____的测量仪器。

2. 万用表刻度盘上的标尺中标有"DC"或"–"的用的是_____标尺；标有"AC"或"～"的用的是_____标尺。

3. 使用万用表时规定：红表笔要插入_____插孔，黑表笔插入_____插孔。

二、选择题

1. 验电笔在使用时不能用手接触（   ）。
   A．笔尖金属探头   B．氖泡
   C．尾部螺丝   D．笔帽端金属挂钩

2. 剥线钳的钳柄上套有额定工作电压（   ）的绝缘套管。
   A．220 V   B．500V   C．380 V   D．1000 V

3. 剥线钳的钳柄上套有额定工作电压 500V 的（   ）。
   A．木管   B．铝管   C．铜管   D．绝缘套管

4. 电烙铁长时间通电而不使用，易造成电烙铁的（   ）。
   A．电烙铁芯加速氧化而烧断   B．烙铁头长时间加热而氧化
   C．烙铁头被烧"死"不再"吃锡"   D．以上都是

5. 电工的工具种类很多，（   ）。
   A．只要保管好贵重的工具就行了
   B．价格低的工具可以多买一些，丢了也不可惜
   C．要分类保管好
   D．工作中，能拿到什么工具就用什么工具

6. 低压验电器主要由工作触头、降压电阻、（   ）、弹簧等部件组成。
   A．钳口   B．氖泡   C．手柄   D．齿轮

7. 电烙铁按加热方式可分为（   ）。
   A．直热式、感应式   B．内热式、调温式
   C．外热式、恒温式   D．外热式、调温式

8. 用万用表欧姆挡测量电阻时，所选择的倍率挡应使指针处于表盘的（   ）。
   A．起始段   B．中间段   C．末段   D．任意段

9. 电流表要与被测电路（   ）。
   A．断开   B．并联   C．串联   D．混联

10. 测量电流时，所选择的量程应使电流表指针指在刻度标尺的（   ）。
    A．前 1/3 段   B．中段   C．后 1/3 段   D．任意位置

三、问答题

1．如何利用验电笔测试电器（如导线、开关、插座等）是否带电？使用时，应注意什么问题？

2．写出使用万用表测量电阻的步骤。

项目二

简单直流电路的安装与调试

项目描述

在本项目中以万用表的安装与调试为载体，介绍简单直流电路。通过本项目的学习，学会电路图识读的基础知识、电路的基本分析方法和电烙铁焊接技术；并通过项目能力训练——MF47 型万用表的组装与调试，来巩固学习内容并检测学生对本项目和知识点的掌握情况。万用表，因其能够完成的测量项目比较多而得名。一般的万用表都能够进行交流电压、直流电压、直流电流、电阻的测量，有的万用表还能够进行更多项目的测量，比如 MF47 型万用表还能够进行三极管放大倍数、电容量、电感量等其他项目的测量，作为一名电气工作者应该了解其基本的工作原理和电路的基本知识。

学习任务

任务 1　简单直流电路的认识

任务 2　直流电路基本定律应用

任务 3　MF47 型组装万用表的安装与调试

学习目标

1. 知识目标

（1）理解电路和基本物理量。

（2）理解电路串联、并联电路的特点，掌握分压、分流公式应用。

（3）掌握欧姆定律的应用。

（4）了解电压源与电流源的等效变换方法。

2. 能力目标

（1）会测量电路中的电流、电压等基本物理量。

（2）会识读、测量色环电阻与电位器。

（3）掌握电烙铁焊接技术。

（4）会按图组装与调试万用表。

（5）掌握万用表的使用方法。

3. 情感目标

（1）在老师的引导与小组合作的学习过程中培养学生的自主性、探究性学习的方法与思想。

（2）在实践性教学过程中培养学生认真、严谨的学习态度。

（3）在任务驱动、理实一体化的教学过程中，学生初步形成团队合作的工作方式，初步形成产品意识、安全意识。

学习工具

（1）电子实训制作单元以及电子元器件和电子测量仪表。

（2）计算机、网络等多媒体现代化终端设备。

学习方法

实验探究、做学合一、任务驱动、理实一体化。

课时安排

建议 42 个学时。

任务 1 简单直流电路的认识

一、任务介绍

有一个 +12V 电源，现需要为其加装一个指示电路。请你选择所给元件安装电路，有电时发光二极管发光指示。

二、任务分析

想要知道电路中各元器件的功能，我们需要从电路的组成入手，通过连接与调试电路，在工作中学习理论知识，通过本学习任务的学习，我们将对简单直流电路有一个初步的认知。

三、知识导航

如图 2-1-1 所示的汽车灯光系统中，正常工作需要将开关、熔断器、照明灯和蓄电池组成一个相通的回路，就是直流电路。在本学习任务中，我们将学习到电路的基本组成和各组成部分的作用以及直流电路中各基本物理量的意义，并能对简单的电路进行分析、计算和测量。

图 2-1-1　汽车蓄电池供电线路

（一）电路

1. 电路

电流流过的路径称为电路，如图 2-1-2 所示。

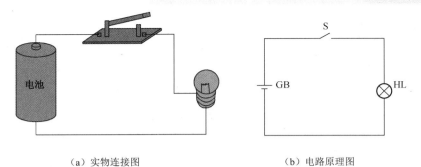

（a）实物连接图　　　　　　　　　　（b）电路原理图

图 2-1-2　电路示意图

2. 电路的基本组成

电路的基本组成包括电源、控制电器、负载、传输导线 4 个部分。

（1）电源

电源是供给电能的装置，它把其他形式的能量转换成电能，供给电路中的用电设备，如干电池或蓄电池把化学能转换成电能，发电机把机械能转换成电能，光电池把太阳的光能转换成电能等，通常我们把给居民住宅供电的电力变压器看成电源，常见的直流电源有干电池、蓄电池等，如图 2-1-3 所示。

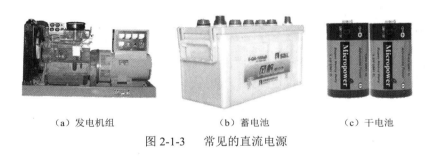

（a）发电机组　　　　　　（b）蓄电池　　　　　　（c）干电池

图 2-1-3　常见的直流电源

（2）控制电器

控制电器是控制电路的通断和电流大小的元件，如开关、继电器、接触器、熔断器等，这些元件不仅保证了电路安全可靠地工作，而且使电路自动完成某些特定工作成为可能，常见的开关如图 2-1-4 所示。

图 2-1-4　常见的开关

（3）负载

负载也称用电设备，是应用电能的装置，它把电能转换成其他形式的能量，如电动机把电能转换成机械能，电烙铁把电能转换成热能等，如图 2-1-5 所示。

（a）扬声器

（b）电烙铁

（c）电动机

图 2-1-5　负载

（4）传输导线

传输导线是指连接电源与负载的金属导线，它把电源产生的电能输送到用电器，起电流传输的作用，通常由铜、铝等材料制成，常见导线如图 2-1-6 所示。

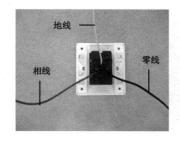

图 2-1-6　常见导线

3．电路的主要作用

（1）用于电能的传输、分配和转换。

（2）电路可以实现电信号的产生、传递和处理。

4．电路的三种状态

电路的形态包括如下三种。

（1）通路状态：开关接通，构成闭合回路，电路中有电流通过。

（2）断路状态：开关断开或电路中某处断开，电路中无电流。

（3）短路状态：电路（或电路中的一部分）被短接。

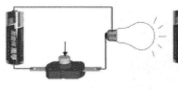
（a）通路

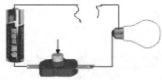
（b）断路

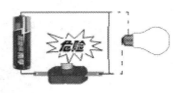
（c）短路

图 2-1-7　电路的三种工作状态

（二）电路图

1．实际电路元件

工厂企业中广泛使用的电动机、接触器、灯泡、电容器等，都称为**实际电路元件**。

2. 电路图

由国家统一规定的（图形、文字）符号表示的电路连接图，称为电路图，如图 2-1-8 所示。

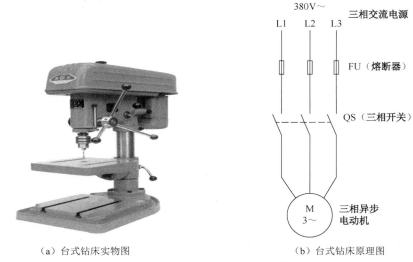

（a）台式钻床实物图　　　　　　　　（b）台式钻床原理图

图 2-1-8　台式钻床电路实物图与原理图

（三）方框图

方框图也叫方块图，是一种用方框和连线来表示电路工作原理和构成概况的图。
把上述台式钻床电路原理图转换成方框图如图 2-1-9 所示。

图 2-1-9　方框图实例

（四）电路的基本物理量

如图 2-1-10 所示为一台美的吊扇铭牌，产品铭牌为什么要标注？因为电路中有许多物理量，它们可以帮助我们分析电路的基本特征和基本规律，便于对设备工作状态及故障进行判断。其中基本的物理量有电流、电压、电位、电动势。只有深刻掌握好这些基本物理量的定义、符号、计算公式、单位及换算关系，才能更好地为将来的实践提供指导性服务。

图 2-1-10　美的吊扇铭牌

1．电流和电流密度

1）电流的强度（简称电流）

电流是指电荷在导体中有规则的定向运动，是表示电流强弱程度的物理量。

2）电流的方向

规定正电荷运动的方向（或负电荷运动的反方向）为电流的实际方向。电流的方向表示方法如图 2-1-11 所示，用箭头表示，箭头的指向为电流的参考方向。用双下标表示，如 I_{AB} 表示电流的方向为由 A 指向 B。

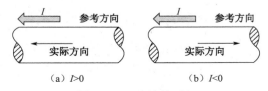

（a）$I>0$　　　　　　　　（b）$I<0$

图 2-1-11　电流的正负

3）电流的种类

（1）直流：大小和方向都不随时间变化的电流称为稳恒电流，简称直流，用 DC 表示，如图 2-1-12（a）所示。

（2）交流：大小和方向都随时间作相应变化的电流称为交变电流，简称交流，用 AC 表示，如图 2-1-12（b）所示。

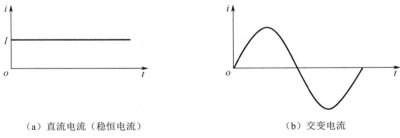

（a）直流电流（稳恒电流）　　　　　　　　（b）交变电流

图 2-1-12　直流电和交流电

4）电流的大小

电流的大小是指在单位时间内通过导体横截面电荷量的多少。

$$I = \frac{Q}{t}$$

式中：I——电流，其单位是安培（A）。除安培外，常用的电流单位还有千安（kA）、毫安（mA）和微安（μA）。

　　　　T——通电时间（单位为 s）。

5）电流密度

为了描述导体内各点电流分布的情况，我们引入电流密度这个物理量。所谓电流密度就是当电流在导体的横截面上均匀分布时，该电流与导体横截面积的比值。电流密度用 J 来表示，即

$$J = \frac{I}{S}$$

式中：I——导体中的电流；

  S——导体的横截面积；

  J——电流密度。

电流密度实物图如图 2-1-13 所示。

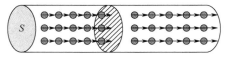
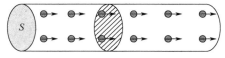

（a）电流密度大   （b）电流密度小

图 2-1-13 电流密度实物图

实际生活中，人们往往是根据导体电流密度的大小来选择合适的导线横截面积，从而使导线的电流密度在允许的范围内，以保证用电的安全。导线允许的电流密度与导线的材料和横截面积的大小有关。

[例 2-1]

某单位需安装一台立式空调，已知其额定电流为 15 A，问应选择多粗的铜导线？（取铜导线的允许电流密度为 6 A/mm²）

$$S = \frac{I}{J} = \frac{15}{6} = 2.5\,(\text{mm}^2)$$

6）产生电流的条件

电路中必须有电源的存在，电路一定要构成闭合回路。

7）电流的测量

对交、直流电流应分别使用交流电流表和直流电流表测量。电流表必须串接到被测量的电路中，直流电流表表壳接线柱上标明的"＋""－"记号，应和电路的极性相一致，不能接错，否则指针要反转，既影响正常测量，也容易损坏电流表，水路与电路对比如图 2-1-14 所示。电流表的正确与错误接法如图 2-1-15 和图 2-1-16 所示。

注意要合理选择电流表的量程。

每个电流表都有一定的测量范围，称为电流表的量程。一般被测电流的数值在电流表量程的一半以上，读数较为准确。因此在测量之前应先估计被测电流大小，以便选择适当量程的电流表。若无法估计，可先用电流表的最大量程挡测量，当指针偏转不到 1/3 刻度时，再改用较小挡去测量，直到测得正确数值为止。

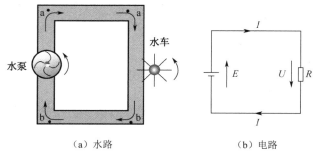

（a）水路   （b）电路

图 2-1-14 水路与电路

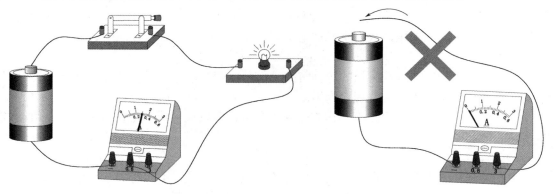

图 2-1-15　电流表的正确接法　　　　图 2-1-16　电流表的错误接法

2．电压和电位

1）电压

若电场力把电荷量 Q 从 A 点移到 B 点所做功为 W_{ab}，那么电压的计算公式为：

$$U_a = \frac{W_{ab}}{Q}$$

电场力做功电路图如图 2-1-17 所示。

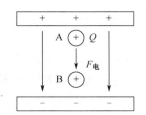

图 2-1-17　电场力做功电路图

电压的基本单位是伏特，简称伏，用 V 表示。常用电压单位还有千伏（kV）、毫伏（mV）等。

单位换算：$1kV=10^3V$；$1V=10^3mV$。

电压方向规定为从正极指向负极。

电压参考方向的几种表示方法如图 2-1-18 所示。

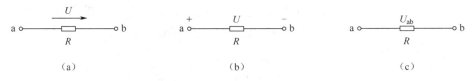

（a）　　　　　　　　　（b）　　　　　　　　　（c）

图 2-1-18　电压的参考方向

试一试

已知图 2-1-18（a）中，U=5V；图（b）中，U_{ab} =−2V；图（c）中，U=−4V。试指出电压的实际方向。

2）电位

如果在电路中选择一个参考点，则电路中某点 A 与参考点之间的电压就称为该点的电位，用 V_A 表示。电位的单位是伏特，简称伏，用符号 V 表示。电路中任意两点之间的电位差等于这两点之间的电压，故电压又称电位差，即：

$$U_{ab} = U_a - U_b$$

电路中某点的电位与参考点的选择有关，但两点间的电位差与参考点的选择无关。

通常我们把参考点的电位规定为零。

在实际电路中常以机壳或大地作为公共参考点，即以机壳或大地作为零电位，用符号"⊥"表示。

3）电动势

电动势是衡量电源将非电能转换成电能的本领的物理量，用字母 E 表示。电动势的单位是伏特（V）。电动势的方向规定：在电源内部由负极指向正极。

直流电动势的两种图形符号如图 2-1-19 所示。

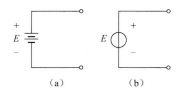

（a）　　　　　（b）

图 2-1-19　直流电动势的两种图形符号

3. 电功和电功率

1）电功

电流所做的功，简称电功（电能），用字母 W 表示。

电流在一段电路上所做的功等于这段电路两端的电压 U、电路中的电流 I 和通电时间 t 三者的乘积，即：

$$W = UIt$$

式中 W、U、I、t 的单位分别为 J（焦耳）、V（伏特）、A（安培）、s（秒）。

电能的另一个常用单位是千瓦时（kW·h），即通常所说的 1 度电，它和焦耳的换算关系为：

$$1 \text{ kW·h} = 3.6 \times 10^6 \text{ J}$$

2）电功率

电流在单位时间内所做的功称为电功率，用字母 P 表示，单位为瓦（W）。

电功率的常用单位还有千瓦（kW）、毫瓦（mW）等，它们之间的换算关系为：

$$1\text{kW} = 10^3\text{W}; \quad 1\text{W} = 10^3\text{mW}$$

对于纯电阻电路：

$$P = I^2 R \text{ 或 } P = \frac{U^2}{R}$$

算一算

某电度表标有"220V、5A"的字样，问这只电度表最多能接入 220V、60W 的灯泡多少盏？若这些灯每天使用 2h，一个月（按 30 天计算）该电度表显示消耗了多少千瓦时的电能？家用单相电能表接线的原则是"1、3 进，2、4 出"。

电能表如图 2-1-20 所示。

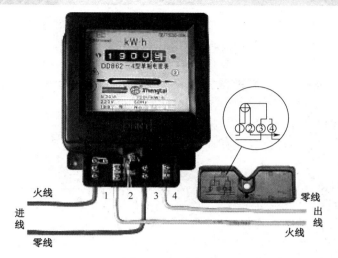

图 2-1-20　电能表

4．电流的热效应

电流通过导体时使导体发热的现象称为电流的热效应。

电流与它流过导体时所产生的热量之间的关系可表示为：

$$Q = I^2Rt$$

Q 的单位是 J，这种热量也称焦耳热。

做一做

一个"220V、2.5kW"的电热水器，试求通电 1h 所产生的热量。

小知识

（1）负载的额定值：电气设备安全工作时所允许的最大电流、最大电压和最大功率分别称为它们的额定电流、额定电压和额定功率。

（2）电气设备在额定功率下的工作状态称为额定工作状态，也称满载；低于额定功率的工作状态称为轻载；高于额定功率的工作状态称为过载或超载。

（3）由于过载很容易烧坏用电器，所以一般不允许出现过载。

（五）电阻

1．电阻

1）电阻的定义

物体对电流的阻碍作用称为该物体的电阻，用字母 R 表示。电阻的基本单位是欧姆（Ω），常用的电阻单位还有千欧（kΩ）和兆欧（MΩ）等，它们之间的换算关系如下：

$$1MΩ=10^3kΩ；\quad 1kΩ=10^3Ω$$

2）电阻的计算

在一定温度下，导体的电阻 R 与它的长度 L 成正比，与横截面积 S 成反比，且与导体的材料有关。用公式表示为：

$$R = \rho \frac{L}{S}$$

式中 ρ 称为材料的电阻率，电阻率的大小反映了物体的导电能力的强弱。

电阻率小、容易导电的物体称为导体，电阻率大、不容易导电的物体称为绝缘体，导电能力介于导体和绝缘体之间的物体称为半导体。

做一做

一根铜导线 $L=2000m$，截面积 $S=2mm^2$，导线的电阻是多少？若将它截成等长的两段，每段的电阻是多少？（铜的电阻率 $\rho=1.75\times10^{-8}\Omega\cdot m$）

3）电阻器的识别与测量

四条环色标法，五条环色标法分别如图 2-1-21 和图 2-1-22 所示。

图 2-1-21　四条环色标法　　　　图 2-1-22　五条环色标法

第一、二道色环表示标称阻值的有效值；第三道色环表示倍乘；第四道色环表示允许偏差。

第一、二、三道色环表示标称阻值的有效值；第四道色环表示倍乘；第五道色环表示允许偏差。

表 2-1-1　色环电阻的颜色-数码对照表

表 2-1-1 是色环电阻的颜色-数码对照表。

颜　色	有效数字	乘　法	允许偏差
黑色	0	10 的 0 次方	
棕色	1	10 的 1 次方	±1%
红色	2	10 的 2 次方	±2%
橙色	3	10 的 3 次方	—
黄色	4	10 的 4 次方	—
绿色	5	10 的 5 次方	0.5%
蓝色	6	10 的 6 次方	±0.2%
紫色	7	10 的 7 次方	±0.1%
灰色	8	10 的 8 次方	—
白色	9	10 的 9 次方	±5～20%
无色	—	—	±20%
银色	—	10 的-2 次方	±10%
金色	—	10 的-1 次方	±5%

色标法示例

（1）有一电阻器，色环颜色顺序为：棕、黑、橙、银，则该电阻器标称阻值为 10×10^3，±10%，即 $10\ k\Omega\pm10\%$。

（2）有一电阻器，色环颜色顺序为：棕、紫、绿、银、棕，则该电阻器标称阻值为 175 $\times 10^{-2} \pm 10\%$，即 $1.75\Omega \pm 10\%$。

4）电阻的类型

不同类型的电阻如图 2-1-23 所示。

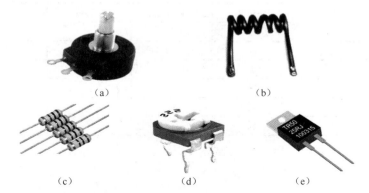

（a）　　　　　　　　　　　　　　　（b）

（c）　　　　　　（d）　　　　　　（e）

（a）可调电阻；（b）精密合金电阻；（c）绕线电阻；（d）可变电阻；（e）精密薄膜电阻

图 2-1-23　不同类型的电阻

5）电阻的测量

测量时注意以下几点。

（1）准备测量电路中的电阻时应先切断电源，切不可带电测量。

（2）首先估计被测电阻的大小，选择适当的倍率挡，然后调零，即将两支表笔相触，旋动调零电位器，使指针指在零位。

（3）测量时双手不可碰到电阻引脚及表笔金属部分，以免接入人体电阻，引起测量误差。

（4）测量电路中某一电阻时，应将电阻的一端断开。

6）色环电阻的判别总结

（1）最靠近电阻引线一边的色环为第一色环。

（2）两条色环之间距离最宽的边色环为最后一条色环。

（3）最宽的边色环为最后一条色环。

（4）四环电阻的偏差环一般是金或银。

（5）有效数字环无金、银色。（解释：若从某端环数起第 1、2 环有金或银色，则另一端环是第一环。）

（6）偏差环无橙、黄色。（解释：若某端环是橙或黄色，则一定是第一环。）

（7）试读：一般成品电阻器的阻值不大于 $22M\Omega$，若试读大于 $22M\Omega$，说明读反。

（8）五色环中，大多以金色或银色为倒数第二个环。

应注意的是有些厂家不严格按第 1、2、3 条生产，以上各条应综合考虑。

四、任务实施

本学习任务可以准备好相关元件在普通教室实施，通过 +12V 电源指示电路的安装与调试。学会电子元件的识别从而认识简单直流电路。

1. 色环电阻的识别与检测

根据电阻的测量方法和色环电阻的识读方法，完成表 2-1-2 的各项任务。

表 2-1-2　各色环的标称与测量

色环 1	色环 2	色环 3	色环 4	标称值	万用表测量值
黑	红	黑	金		
红	绿	红	金		
橙	橙	黄	银		
蓝	棕	绿	金		
黄	棕	红	银		
绿	黑	棕	无色		

2. 设计出 +12V 电源指示电路原理图

3. 电路元件明细表

电路仪表、器材见表 2-1-3。

表 2-1-3　仪表、器材

器材	规格	数量（长度）
电源	12V	1 台
发光二极管		1 个
电阻	10Ω；1kΩ；1MΩ	3 个
导线	铝线	1 米
万用表	MF47 型万用表	1 台
铆钉板		
其他		

4. 电路焊接与装配

（1）按元件明细表配齐元件。

（2）用万用表对各元件进行测试，判断各元件性能是否损坏。

（3）清除元件引脚、空心铆钉、连接跳线的氧化层。

（4）将上述清除氧化层之处均匀搪锡。

（5）选择电路元件明细表提供的电子元件、连接导线，根据经济、合理、整齐、美观的原则自行设计元件在空心铆钉板上的布局。

（6）把装配好的元器件准确地焊接在所发的线路板上。要求：在线路板上所焊接的元器件的焊点大小适中，无漏焊、假焊、虚焊、连焊，焊点光滑、圆润、干净、无毛刺；引脚加工尺寸及成形符合工艺要求；导线长度、剥头长度符合工艺要求，芯线完好，捻头镀锡。

5. 通电试灯

（1）检查无误后，接通电源，若电路正确，发光二极管将会发光指示。

（2）分别改变 R 的大小，观察发光二极管的发光亮度有什么不同。

6. 电路测量

用万用表分别测量流过负载（灯泡）的电流、负载（灯泡）两端的电压及负载电路，并填入表 2-1-4 中。

表 2-1-4　电流、电压及电阻的测量结果

测量项目	电路电流 I/A	电源两端电压 U/V	负载两端电压 U/V	负载电阻 R/Ω
开关断开				
开关闭合				

7. 任务考核

任务考核表见表 2-1-5。

表 2-1-5　任务考核表

序号	主要内容	考核要求	配分	自评	小组互评
1	电路的组成作用	能画出+12V 电源指示电路原理图	15		
2	电路的基本物理量	能掌握各物理量的单位、方向、计算及简单的测量	20		
3	电阻、电压、电流的检测	掌握电阻、电压、电流的检测方法	30		
4	万用表的使用	掌握 MF47 型万用表使用注意事项	25		
5	安全文明	安全操作规范	10		
	总评				

任务 2　直流电路基本定律应用

一、任务介绍

同学们经常看到舞台上的舞者在灯光强弱和声音大小的变化中，演绎出精美绝伦的画面，给观众带来无穷无尽的喜悦。那么是通过对什么的改变来实现对舞台灯光和声音的控制呢？在日常生活中，我们发现家中多盏照明灯点亮、熄灭互不影响，那么这些灯是怎样连接到电路中去的？我们使用的电风扇，为什么调换不同的挡位就可以改变扇叶的转动速度？通过对彩灯电路的安装与调试学习，熟练掌握欧姆定律，电阻串、并联的特点和作用，掌握简单混联电路的分析和计算。

二、任务分析

通过观察，认识简单直流电路，学习探究欧姆定律、串联电路、并联电路、混联电路的特点，会识读、测量电阻等。

三、知识导航

（一）欧姆定律

1. 部分欧姆定律

只含有负载而不包含电源的一段电路称为部分电路。

部分电路如图 2-2-1 所示。

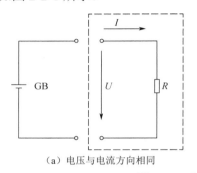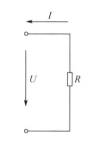

（a）电压与电流方向相同　　　　　　　　　　（b）电压与电流方向相反

图 2-2-1　部分电路

（1）内容：导体中的电流，与导体两端的电压成正比，与导体的电阻成反比。公式为：

$$I = \frac{U}{R}$$

（2）输电线路上的电压损失：由欧姆定律可知，电阻有电流通过时，两端必有电压，这个电压习惯上称为电压降。通常导线或大或小都是有电阻的，当用导线传输电流时，导线上就会产生电压降。因此，输电线路末端的电压总是比始端的电压低。输电线路上电压降低的数值称为电压损失。如果线路较长，线路电流较大，其电压损失就较大，供给负载的电压就会明显下降，影响设备的正常工作。

练一练

有一只量程为 250V 的直流电压表，它的内阻为 50kΩ，用它测量电压时，允许通过的最大电流是多少？

2. 全电路欧姆定律

简单的全电路如图 2-2-2 所示。

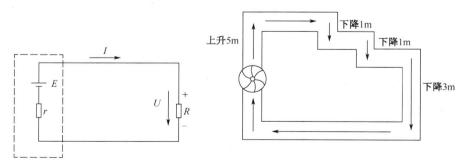

图 2-2-2　简单的全电路

注：在封闭管道内，水位上升之和等于水位下降之和。

全电路是指含有电源的闭合电路，由内电路和外电路两部分组成。

全电路欧姆定律的内容：闭合电路中的电流与电源的电动势成正比，与电路的总电阻成反比，数学表达式为：

$$I = \frac{E}{R+r}$$

也可整理成：

$U_{外}$——外电路的电压降；

$U_{内}$——电源内阻上的电压降。

$$E = IR + Ir = U_{外} + U_{内}$$

3．电源的外特性

电源端电压 U 与电源电动势 E 的关系为：

$$U = E - Ir$$

可见，当电源电动势 E 和内阻 r 一定时，电源端电压 U 将随负载电流 I 的变化而变化。

4．电路的几种不同状态（图 2-2-3）

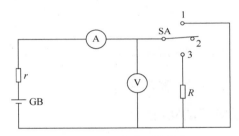

图 2-2-3　电路的三种状态

1）通路

开关 SA 接到位置"3"时，电路处于通路状态。电路中电流为：

$$I = \frac{E}{R+r}$$

端电压与输出电流的关系为：

$$U_{外} = E - U_{内} = E - Ir$$

2）开路（断路）

开关 SA 接到位置"2"时，电路处于开路状态。

$$I = 0$$
$$U_{内} = Ir = 0$$
$$U_{外} = E - Ir = E$$

即：电源的开路电压等于电源电动势。

3）短路

开关 SA 接到位置"1"时，相当于电源两极被导线直接相连。

电路中短路电流为：$I_{短} = E/r$

由于电源内阻一般都很小，所以短路电流极大。

此时电源对外输出电压为：

$$U = E - I_短 r = 0$$

4）电路在三种状态下的特点（表 2-2-1）

表 2-2-1　电路在三种状态下的特点

电路状态	电阻 R	电流 I	电压 $U_外$
通路	R	$I = \dfrac{E}{R+r}$	$U_外 = E - Ir$
开路	∞	0	$U_外 = E$
短路	0	$I_短 = \dfrac{E}{r}$	$U_外 = 0$

思考：

如图 2-2-4 所示，当单刀双掷开关 S 合到位置"1"时，外电路的电阻 $R_1 = 14\ \Omega$，测得电流表读数 $I_1 = 0.2$ A；当开关 S 合到位置"2"时，外电路的电阻 $R_2 = 9\Omega$，测得电流表读数 $I_2 = 0.3$ A；试求电源的电动势 E 及其内阻 r。

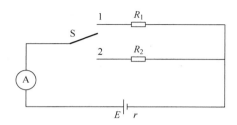

图 2-2-4　闭合电路

（二）电阻串、并联电路的特性

1. 电阻的串联

把多个元件逐个顺次连接起来，就组成了串联电路。（图 2-2-5）

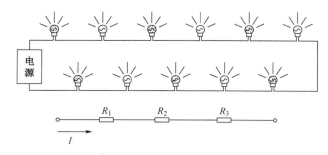

图 2-2-5　电阻的串联

1）电阻串联电路的特点

（1）电路中流过每个电阻的电流都相等，即：

$$I = I_1 = I_2 = \cdots = I_n$$

（2）电路两端的总电压等于各电阻两端的分电压之和，即：

$$U = U_1 + U_2 + \cdots + U_n$$

（3）电路的等效电阻（即总电阻）等于各串联电阻之和，即：

$$R = R_1 + R_2 + \cdots + R_n$$

（4）电路中各个电阻两端的电压与它的阻值成正比，即：

$$\frac{U_1}{R_1} = \frac{U_2}{R_2} = \cdots = \frac{U_n}{R_n}$$

上式表明，在串联电路中，阻值越大的电阻分配到的电压越大，反之电压越小。

5）电路的总功率等于各串联电阻消耗的功率之和，且功率与电阻阻值成正比，即：

$$P = P_1 + P_2 + \cdots + P_n$$

$$P_1 : P_2 : \cdots P_n = R_1 : R_2 : \cdots R_n$$

若已知 R_1 和 R_2 两个电阻串联，电路总电压为 U，可得分压公式如图 2-2-6 所示。

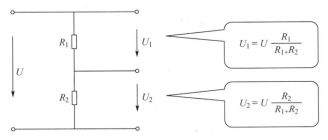

图 2-2-6　两个电阻串联

2）电阻串联电路的应用

（1）获得较大阻值的电阻[图 2-2-7（a）]；

（2）限制和调节电路中电流[图 2-2-7（b）]；

（3）构成分压器[图 2-2-7（c）]；

（4）扩大电压表量程[图 2-2-7（d）]；

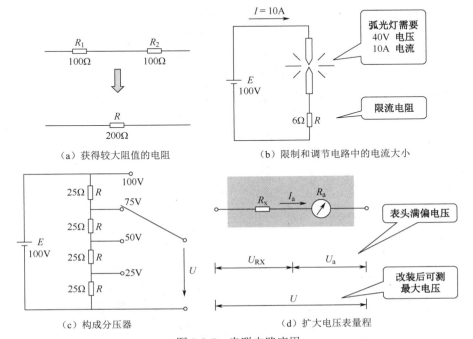

（a）获得较大阻值的电阻　　　　（b）限制和调节电路中的电流大小

（c）构成分压器　　　　　　　（d）扩大电压表量程

图 2-2-7　串联电路应用

例题 有一只万用表，表头等效内阻 $R_a = 10 \text{ k}\Omega$，满刻度电流（即允许通过的最大电流）$I_a = 50 \text{ }\mu\text{A}$，如改装成量程为 10 V 的电压表，应串联多大的电阻？

解：

按题意，当表头满刻度时，表头两端电压 U_a 为：

$U_a = I_a R_a = 50 \times 10^{-6} \times 10 \times 10^3 = 0.5 \text{ V}$

设量程扩大到 10V 需要串入的电阻为 R_X，则：

$$R_X = \frac{U_X}{I_a} = \frac{U - U_a}{I_a} = \frac{10 - 0.5}{50 \times 10^{-6}} = 190 \text{k}\Omega$$

2. 电阻的并联

把多个元件并列地连接起来，由同一电压供电，就组成了**并联电路**。（图 2-2-8）

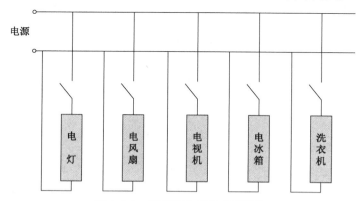

图 2-2-8　家庭用电器的并联连接

1）电阻并联电路的特点（图 2-2-9）

（1）电路中各电阻两端的电压相等，且等于电路两端的电压，即：

$$U = U_1 = U_2 = \cdots = U_n$$

（2）电路的总电流等于流过各电阻的电流之和，即：

$$I = I_1 + I_2 + \cdots + I_n$$

（3）电路的等效电阻（即总电阻）的倒数等于各并联电阻的倒数之和，即：

$$\frac{1}{R} = \frac{1}{R_1} + \frac{1}{R_2} + \cdots + \frac{1}{R_n}$$

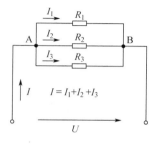

（a）电阻的并联电路

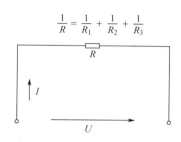

（b）等效电路

图 2-2-9　电阻的并联

（4）电路中通过各支路的电流与支路的阻值成反比，即：

$$IR = I_1R_1 = I_2R_2 = \cdots = I_nR_n$$

上式表明，阻值越大的电阻所分配到的电流越小，反之电流越大。

（5）电路的总功率等于各并联电阻消耗的功率之和，且功率与电阻成反比，即：

$$P_1 : P_2 : P_3 = \frac{1}{R_1} : \frac{1}{R_2} : \frac{1}{R_3}$$

（6）若已知两个电阻并联（图2-2-10），并联电路的总电流为I，可得分流公式如下：

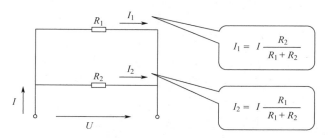

$$I_1 = I\frac{R_2}{R_1 + R_2}$$

$$I_2 = I\frac{R_1}{R_1 + R_2}$$

图2-2-10　两个电阻并联电路

2）电阻并联电路的应用

（1）凡是额定工作电压相同的负载都采用并联的工作方式。这样每个负载都是一个可独立控制的回路，任一负载的正常启动或关断都不影响其他负载的使用。

（2）获得较小阻值的电阻。

（3）扩大电流表的量程。

思考题：

如图2-2-11所示，电源供电电压$U = 220$ V，每根输电导线的电阻均为$R_1 = 1$ Ω，电路中一共并联100盏额定电压220V、功率40W的电灯。假设电灯在工作（发光）时电阻值为常数。试求：（1）当只有10盏电灯工作时，每盏电灯的电压U_L和功率P_L；（2）当100盏电灯全部工作时，每盏电灯的电压U_L和功率P_L。

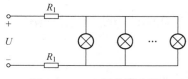

图2-2-11　电灯并联电路

3．电阻的混联电路

既有电阻的串联，又有电阻的并联的电路，称为电阻的混联电路（图2-2-12）。

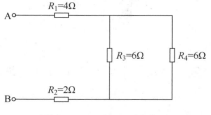

图2-2-12　电阻混联电路

1）分析、计算混联电路的方法

（1）应用电阻的串联、并联特点，逐步简化电路，求出电路的等效电阻。

（2）由等效电阻和电路的总电压，根据欧姆定律求出电路的总电流。

（3）再根据欧姆定律和电阻串并联的特点，由总电流求出各支路的电压和电流。

对于难以判断出电阻间连接关系的复杂混联电路，可先画出等效电路图，再计算其等效电阻（图 2-2-13）。

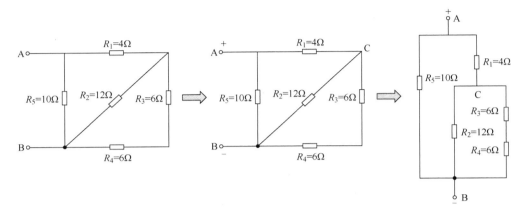

图 2-2-13　混联电路及其等效电路

2）画等效电路图的步骤

（1）在原电路图中标出各个节点的名称，原电路两端分别标为 A、B，其他节点依次标出 C、D...，并假设 A 点为最高电位点"＋"，B 点为最低电位点"－"，其他节点的电位在 A、B 点电位之间。

（2）按照电位的高低，把标注的各字母沿竖直方向依次排开，将各电阻依次接入与原电路图对应的两节点之间，画出等效电路图。

（3）根据等效电路中电阻之间的串、并联关系，求出等效电阻。

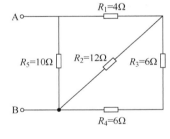

图 2-2-14　混联电路

练一练

试画出图 2-2-14 的等效电路图。

四、任务实施

本学习任务是彩灯电路的安装，可在普通教室中实施。

1. 识读电路图

在节日小彩灯中，每一串彩灯上的各个小彩灯之间是串联，而各串彩灯之间是并联。可用图 2-2-15 中（a）（b）分别代表每一串彩灯的串联电路和各串彩灯之间的并联电路。

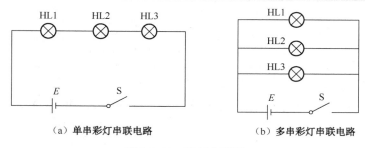

图 2-2-15　彩灯电路图

2. 准备元器件和材料

电路所需要的工具、仪表和器材如表 2-2-2 所示，请清点并检测电路元器件及器件。

表 2-2-2　电路所需要的工具、仪表和器材

工具	螺丝刀、电工刀、剥线钳等电工常用工具				
仪表	MF47 型万用表				
器材	文字符号	名称	型号、规格	数量	质检结果
	E	电池	6F22、9V	1	
	S	开关	KN61、250V、3A	1	
	HL	小灯泡	12V、0.1A	3	
质检要求	1. 检查选择的工具、仪表、器件等是否满足要求 2. 检查电器元件外观应完整无损，附件、备件齐全				

3. 连接电路并测量

1）串联电路测量

（1）按图 2-2-15（a）所示连接电路。

（2）将万用表调至欧姆挡，选择适当量程，分别测量三个灯泡的电阻值和总电阻值，填入表 2-2-3 中。

表 2-2-3　串联电路阻值

测量项目	R_1	R_2	R_3	总电阻 R_3
电阻/Ω				

根据测量结果，可得结论：

（3）将万用表调至直流电流挡，选择适当的量程，逐一测量三个灯泡的电流值，填入表 2-2-4 中。

表 2-2-4　串联电路电流

测量项目	I_1	I_2	I_3	总电流 I
电流/A				

根据测量结果，可得结论：

（4）将万用表调至直流电压挡，选择适当量程，分别测量三个灯泡的电压值，填入

表 2-2-5 中。

表 2-2-5　串联电路电压

测量项目	U_1	U_2	U_3	总电压 U
电压/V				

根据测量结果，可得结论：

2）并联电路测量。

（1）按图 2-2-15（b）所示连接电路。

（2）将万用表调至欧姆挡，选择适当量程，分别测量三个灯泡的电阻值和总电阻值，填入表 2-2-6 中。

表 2-2-6　并联电路阻值

测量项目	R_1	R_2	R_3	总电阻 R
电阻/Ω				

根据测量结果，可得结论：

（3）将万用表调至直流电流挡，选择适当量程，分别测量三个灯泡的电流值，填入表 2-2-7 中。

表 2-2-7　并联电路电流

测量项目	I_1	I_2	I_3	总电流 I
电流/A				

根据测量结果，可得出结论：

（4）将万用表调至直流电压挡，选择适当量程，逐一测量单个灯泡的电压值，填入表 2-2-8 中。

表 2-2-8　并联电路电压

测量项目	U_1	U_2	U_3	总电压 U
电压/V				

根据测量结果，可得结论：

4. 任务考核

序号	主要内容	考核要求	配分	自评	小组互评
1	全电路欧姆定律的内容	会应用定律计算问题	20		
2	串联电路的特点及应用	掌握串联电路的特点和计算方法	25		
3	并联电路的特点及应用	掌握并联电路的特点和计算方法	25		
4	混联电路的特点及应用	掌握混联电路的特点和计算方法	20		
5	安全文明	安全操作规范	10		
总评					

任务 **3**　MF47 型万用表的安装与调试

一、任务介绍

万用表是电子产品装配、维修和电工作业的必备工具，是我们今后工作和学习中常用的电工仪表之一。万用表通过内部电路改变电阻串联、并联的不同连接实现交直流电压、直流电流、电阻等不同物理量的测量，以 MF47 型万用表的组装为载体能够对简单直流电路有更深刻的了解。为了培养我们电子产品的组装能力，购买了 MF47 型万用表的外壳、主板、表头及配件制作一个能分解的万用表，该万用表可用于随后的学生实训中。

二、任务分析

万用表是最常见的电工仪表之一，通过这次实训，我们应该在了解其基本工作原理的基础上学会安装、调试、使用，并学会排除一些常见的故障。

三、知识导航

万用表是一种多功能、多量程测量仪表，它是电工必备仪表之一，万用表分为指针式和数字式两种（图 2-3-1），每个电气工作者都应熟练掌握其工作原理及使用方法。

（a）指针式万用表　　　　　　　　　　　（b）数字式万用表

图 2-3-1　万用表的种类

1. MF47 型万用表的结构与组成

万用表由机械部分、指示部分与测量线路组成。机械部分包括外壳、量程开关旋钮及电刷等；指示部分就是表头；测量线路包括印制电路板、电位器、电阻、二极管、电容等，如图 2-3-2 所示。

（a）机械部分　　　　　（b）指示部分　　　　　（c）测量线路

图 2-3-2　万用表的结构

（1）表头

MF47 型万用表表头是一只高灵敏度的磁电系直流电流表。万用表的主要性能指标取决于表头的性能。表头中间下方的小旋钮为机械调零旋钮。表头标度盘共有六条标度尺。从上向下分别为电阻、直流电流、（交流电压）、晶体管共射极直流放大系数 h_{FE}、电容、电感等，如图 2-3-3 所示。

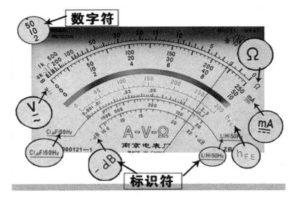

图 2-3-3　MF47 型万用表表盘

2）量程开关

量程开关共有 5 挡，分别为交流电压、直流电压、直流电流、电阻及晶体管，共 26 个量程。

3）插孔

MF47 万用表共有 4 个插孔，左下角红色"+"为红表笔插孔；黑色"-"为黑表笔插孔；右下角"2500"为交直流 2500V 插孔；"5A"为直流 5A 插孔。

4）印制电路板

它由 5 个部分组成，即公用线路部分、直流电流部分、直流电压部分、交流电压部分和电阻部分。

2．焊接基本知识

1）元器件表面氧化层的清除

焊接前要清除元器件表面的氧化层，清除元器件表面氧化层的方法如图 2-3-4 所示，左手捏住电阻或其他元器件的主体，右手用锯条轻刮元器件引脚的表面，左手慢慢地转动，直到表面氧化层全部去除。注意用力不能过猛，以免使元器件引脚受伤或折断。

2）元器件引脚的弯制成形

元件在印制电路板上的排列和安装方式有两种：卧式与立式。卧式元器件引脚的弯制方法如图 2-3-5（a）所示：左手夹紧镊子，右手食指将引脚弯成直角。立式元器件引脚的弯制方法如图 2-3-5（b）所示：用手捏住螺钉旋具与引脚的交点，将引脚沿着螺钉旋具弯成圆形。注意：不要将引线齐根弯折，以免损坏元器件。元器件弯制后的形状如图 2-3-6 所示。

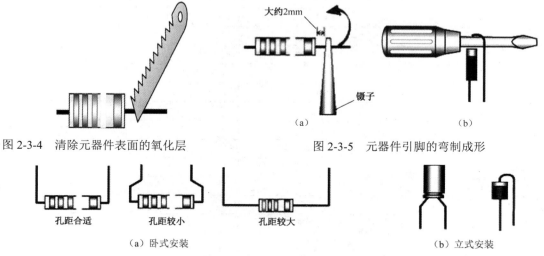

图 2-3-4　清除元器件表面的氧化层　　　　图 2-3-5　元器件引脚的弯制成形

孔距合适　　　　　孔距较小　　　　　孔距较大

（a）卧式安装　　　　　　　　　　　　　　　　（b）立式安装

图 2-3-6　元器件引脚弯制后的形状

3）焊接方法

焊接时先用电烙铁把印制电路板加热，大约两秒钟后，送焊锡丝，观察焊锡量的多少，不能太多，否则易造成堆焊；也不能太少，否则造成虚焊。当焊锡融化，发出光泽时焊接温度最佳，应立即将焊锡丝移开，再将电烙铁沿着 45°移开。为了使加热面积最大，要将烙铁头的斜面紧靠在元器件引脚上，烙铁尖抵在印制电路板的焊盘上，如图 2-3-7 所示，焊点高度一般在 2mm 左右，焊点大小要均匀。引脚应高出焊点大约 0.5mm，焊点的形状如图 2-3-8 所示。焊点要可靠，必须保证导电性能良好，防止虚焊、夹生焊和漏焊。

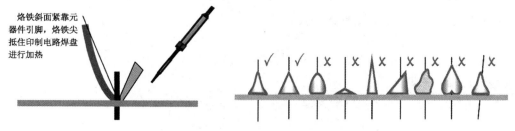

图 2-3-7　焊接时电烙铁的正确位置　　　　图 2-3-8　焊点的形状

四、任务实施

1. MF47 型万用表的元器件清单（表 2-3-1）

表 2-3-1

编号	值（单位：欧姆）	编号	值（单位：欧姆）
R1	0.44	R_{16}	1.78k
R2	5	R_{17}	165

续表

编号	值（单位：欧姆）	编号	值（单位：欧姆）
R3	50.5	R_{18}	15.3
R4	555	R_{19}	56
R5	15k	R_{20}	180
R6	30k	R_{21}	20k
R7	150k	R_{22}	2.69k
R8	800k	R_{23}	141k
R9	84k	R_{24}	46k
R10	360k	R_{25}	32k
R11	1.8M	R_{26}	6.75M
R12	2.25M	R_{27}	6.75M
R13	4.5M	R_{28}	4.15k
R14	17.3k	R_{29}	0.05
R15	55.4k		
名称	规格或数量	名称	规格或数量
可调电阻 1 只	WH2.102 或 501	螺钉	M3X6 2 个
电位器 1 只	WH1103.旋钮 1 只	电池夹	4 个
电热器 1 只	C110U/16V(C2 不装)	V 形电刷	1 个
二极管 4 只 VD1～VD4	IN4007(VD5、VD6 不装)	表笔插管	4 个
熔断器 2 只	0.5A 熔断器 1 只	表笔	1 副
细线 5 条	3 条短线、2 条长线	使用说明书	1 份
+、-极片	1.5V 正、负极片	线路板	1 块
+、-极片	9V 正、负极片	机壳（带表头）	1 套
晶体管插座	配套插片 6 条	外包装盒	1 个

2. 元器件检测

根据表 2-3-1 所列的元器件逐一核对检测。

1）检测电阻

根据色标读出 R_1—R_{25} 的阻值，其中 R_1 为铜线。在识读电阻时，用万用表检测，验证识读是否正确。

2）检测电容

万用表选择 1kΩ 电阻挡，将黑表笔搭接在电解电容器的正极（为什么？），红表笔搭接在电解电容器的负极，如果指针向右迅速偏转并很快回到∞附近，说明电解电容器是好的；如果指针在∞处不动或向右偏转在零处不动说明什么？请思考回答。

电解电容器的正极引脚较长，且有"+"标注。如果没有明显标准，可用万用表测量，根据正接时漏电流小（阻值大），反接时漏电流大来判断。如图 2-3-9 所示。

3）检测二极管。

万用表选 10Ω 或 100Ω 电阻挡，红笔接二极管的负极，黑表笔接二极管的正极，这时二极管正向电阻较小，万用表选 1kΩ 电阻挡，红表笔接二极管的正极，黑表笔接二极管的负极，这时二极管正向电阻较大，表明二极管是好的，如果两次读数都是无穷大或是零，表明二极管开路或被击穿，如图 2-3-10 所示。

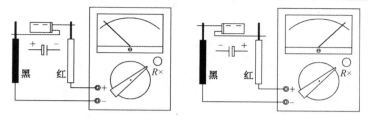

图 2-3-9　电解电容器的检测

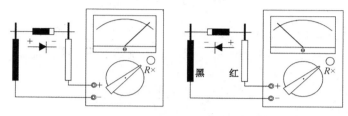

图 2-3-10　晶体二极管的检测

4）电位器的检测

电位器实质是一个滑线电阻，1、3 为固定触点，2 为可动触点，1、3 之间的阻值应为 10kΩ，1 与 2 或者 2 与 3 之间阻值都应在 0～10kΩ 之间变化。如图 2-3-11 所示

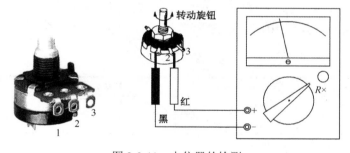

图 2-3-11　电位器的检测

3. **万用表元器件焊接**

元件插好后，要调整位置，保证每个元件焊接高度一致。应先焊水平放置的元器件，后焊垂直放置的和体积较大的元器件。焊接顺序：连接线→二极管→电阻 R_1～R_{28}→电阻 R_{29}（电阻丝）→可调电阻→电解电容器 C_1→安装和焊接电位器→4 只表笔输入插管→安装和焊接晶体管插座→安装和焊接熔断器夹。焊接万用表的注意事项如下：

（1）注意保管元器件，不能丢失。

（2）每焊接一个元器件后，都应用万用表再次测量参数，防止错误。

（3）严格按照技术要求进行焊接，防止铜板脱落、断裂，防止焊接时间过长损坏元器件，防止虚焊，防止短路。

（4）注意用电安全，遵守安全操作规则。

（5）文明操作，不损坏公物，器材，节约用电，节约原材料。

（6）精益求精，虚心请教，互帮互学。

（7）守纪、整洁、卫生。

4. 整机装配

（1）安装电刷。

（2）安装线路板。

（3）安装 1.5V 电池夹。

（4）焊接 9V 电池扣。

（5）安装后盖。

5. 万用表的调试

万用表组装完成后应进行以下调试工作。

（1）机械调零，对表头调零的试验，调节机械调零旋钮，指针能左右灵活旋转，能准确停在零位。

（2）电阻调零，对每一电阻挡调零。调零时，指针能在 0Ω 位置左右灵活摆动，并能准确地停在 0Ω 位置。

（3）挡位开关旋钮打到直流电压 2.5V 挡，用表笔测量一节 1.5V 的电池，在表盘上观察指针的偏转是否正确。

（4）挡位开关旋钮打到直流电压 10V 挡，用表笔测量一节 9V 的电池，在表盘上观察指针的偏转是否正确。

（5）挡位开关旋钮打到交流电压 250V 挡，用表笔测量插座上的交流电压。

（6）挡位开关旋钮打到 10kΩ 挡，测量一个 6.5Ω 的电阻，然后依次检测其他欧姆挡位。

表 2-3-2　数据测量

	实际值	测量值	误差
电阻测量	20kΩ		
	84kΩ		
	800kΩ		
	555Ω		
	6.5Ω		
	141kΩ		
交流电压	220V		
直流电压	9V		
	1.5V		

6. 装配调试过程中的技术分析和故障分析

1）故障部位：直流电流挡

故障现象：（1）表针不动即无指示。

（2）各量程的误差不一致，有正有负。

（3）用小量程挡时，指针偏转很快即阻尼很小，用大量程挡时无指示。

故障原因：（1）表头故障或与表头串联的电阻断路或量程开关不通。

（2）分流电阻某挡焊接不良，阻值增大或局部烧坏。

（3）分流电阻断路或分流支路连线断路。

2）故障部位：直流电压挡

故障现象：（1）表针无指示。

（2）某量程误差大，随着量程增大误差变小。

（3）小量程挡均正常，超过某量程均无指示。

故障原因：（1）量程开关接触不良或烧坏，或量程开关与降压电阻脱焊。

（2）分压电阻故障，如变值、短路等。

（3）分压电阻损坏或其连线断路。

3）故障部位：交流电压挡

故障现象：（1）指针轻微摆动或指示极小。

（2）误差很大，有时偏低 50%。

（3）各挡指示值偏低且误差相同。

故障原因：（1）整流元件击穿。

（2）整流组件中某一元件击穿断路，全波整流变为半波整流。

（3）整流组件性能不佳，反向电阻减小。

4）故障部位：电阻挡

故障现象：（1）短路调零时，表针无指示。

（2）表笔短路时，表针调不到零位。

（3）调零时，表针跳动。

（4）个别量程不指示。

（5）个别量程误差大。

故障原因：（1）某表笔断线或量程开关公共点断路、调零变阻器有断点、电池用完或引线断路。

（2）电池电压不足、量程开关接触不良或表头的限流电阻增大。

（3）调零变阻器接触不良。

（4）该挡分流电阻断路或量程开关接触不良。

（5）该挡分流电阻变值或烧坏。

项目评价

1．每组选派一名代表以 PPT、录像或影片的形式向全班展示、汇报学习成果。

2．在每位代表展示结束后，其他每组选派一名代表进行简要点评。

学生代表点评记录：

3．项目评价内容。

项目评价表

评价内容	学习任务	评价内容	配分	评分标准	得分
专业能力	任务 1 简单直流电路的认识	1．认真检查元器件及器材质量 2．电压、电流、电阻的测量	25	1．漏检或错检，每处扣 2 分。 2．检测方法不正确、不规范、读数不准确扣 3 分	
	任务 2 直流电路基本定律应用	1．认真检查元器件及器材质量 2．电压、电流、电阻的测量	25	1．漏检或错检，每处扣 2 分。 2．检测方法不正确、不规范、读数不准确扣 3 分	
	任务 3 MF47 型组装万用表的安装与调试	1．认真检查元器件及器材质量 2．电压、电流、电阻的测量	25	1．漏检或错检，每处扣 2 分。 2．检测方法不正确、不规范、读数不准确扣 3 分	
方法能力	任务 1～3 整个工作过程		10	信息收集和筛选能力、制订工作计划、独立决策、自我评价和接受他人的评价的承受能力、测量方法、计算机应用能力，根据任务 1～6 工作过程表现评分	
社会能力	任务 1～3 整个工作过程		10	团队协作能力、沟通能力、对环境的适应能力、心理承受能力，根据任务 1～6 工作过程表现评分	
安全规范	6S 安全管理	操作规范安全，按 6S 要求整理桌面	5	1．违反安全文明操作规程扣 2～5 分； 2．不按 6S 要求整理桌面扣 2～5 分	
总得分					

4．指导老师总结与点评记录：

5．学习总结：

思考与练习

一、填空题

1. 欧姆定律揭示了电路中、_____、_____和_____三者之间的关系，是电路的基本定律之一。

2. 在全电路中，电流与电源的电动势成_____，与电路中的内阻与外电阻之和成_____，这个规律称为_____。

3. 额定电压为 6.3V 的信号灯，工作电流为 0.2A，现欲接在电压为 12V 的电源上，问应串入_____Ω 的降压电阻。

4. 两个电阻串联后接在 12V 电源上，其中一个电阻阻值为 400Ω，流过电流为 0.2A，根据欧姆定律另一个电阻阻值为_____。

5. 一段导体两端电压是 2V 时，导体中电流是 0.5A，如果电压增大到 3V 时，导体中电流将改变为_____。

二、选择题

1. 电压的方向规定是由该点指向参考点（　　　）。
   A．电压　　　　　　B．电位　　　　　　C．能量　　　　　　D．电能

2. 电压的方向规定由（　　　）。
   A．低电位点指向高电位点　　　　　B．高电位点指向低电位点
   C．低电位指向高电位　　　　　　　D．高电位指向低电位

3. 串联电阻的分压作用是阻值越大电压越（　　　）。
   A．小　　　　　　　B．大　　　　　　　C．增大　　　　　　D．减小

4. 电功的常用且实用的单位有（　　　）。
   A．焦耳　　　　　　B．伏安　　　　　　C．度　　　　　　　D．瓦

5. 如下图所示，不计电压表和电流表的内阻对电路的影响。开关接"2"时，电流表的电流为（　　　）。

   A．0A　　　　　　　B．10A　　　　　　C．0.2A　　　　　　D．约等于 0.2A

6. 电流的方向就是（　　　）。
   A．负电荷定向移动的方向　　　　　B．电子定向移动的方向
   C．正电荷定向移动的方向　　　　　D．正电荷向移动的相反方向

7. 关于电位的概念，（　　　）的说法是正确的。
   A．电位就是电压　　　　　　　　　B．电位是绝对值
   C．电位是相对值　　　　　　　　　D．参考点的电位不一定等于零

8．1.4Ω 的电阻接在内阻为 0.2Ω，电动势为 1.6V 的电源两端，内阻上通过的电流是（　　）A。

　　A．1　　　　　　B．1.4　　　　　　C．1.6　　　　　　D．1.5

9．两只"100W，220V"灯泡串联接在 220V 电源上，每只灯泡的实际功率是（　　）。

　　A．220W　　　　B．100W　　　　　C．50W　　　　　　D．25W

10．四只 16Ω 的电阻并联后等效电阻为（　　）。

　　A．64Ω　　　　　B．16Ω　　　　　C．4Ω　　　　　　D．8Ω

11．一个电阻接在内阻为 0.1Ω，电动势为 1.5V 的电源上时，流过电阻的电流为 1A，则该电阻上的电压等于（　　）V。

　　A．1　　　　　　B．1.4　　　　　　C．1.5　　　　　　D．0.1

12．标有"100Ω，4W"和"100Ω，25W"的两个电阻串联时，允许加的最大电压是（　　）。

　　A．40V　　　　　B．4V　　　　　　C．70V　　　　　　D．140V

13．两个电阻 R_1 与 R_2 并联，R_1 支路的电流 I_1 与干路电流 I 之间的关系是（　　）。

　　A．$I_1=R_1I/(R_1+R_2)$　　　　　　　　B．$I_1=R_2I/(R_1+R_2)$

　　C．$I_1=R_1I/(R_1\times R_2)$　　　　　　　D．$I_1=(R_1+R_2)I/R_1$

14．如图所示，a 点的电位是（　　）。

　　A．$U_a=2V$　　　　B．$U_a=5V$　　　　C．$U_a=7V$　　　　D．$U_a=1V$

15．0.5A 的电流通过阻值为 2Ω 的导体，10s 内流过导体的电量是（　　）。

　　A．5C　　　　　　B．1C　　　　　　C．4C　　　　　　D．0.25C

16．电阻器反映导体对（　　）起阻碍作用的大小，简称电阻。

　　A．电压　　　　　B．电动势　　　　　C．电流　　　　　D．电阻率

17．电功率的常用的单位有（　　）。

　　A．瓦　　　　　　　　　　　B．千瓦

　　C．毫瓦　　　　　　　　　　D．瓦、千瓦、毫瓦

18．为使电炉丝消耗的功率减小到原来的一半则应（　　）。

　　A．使电压加倍　　B．使电压减半　　C．使电阻加倍　　D．使电阻减半

19．两导线并联时的电阻值为 2.5Ω，串联时的电阻值为 10Ω，则两条导线的电阻值（　　）。

　　A．一定都是 5Ω　　B．可能都是 5Ω　　C．不一定相等

20．一度电可供"220V，40W"灯泡正常发光的时间是（　　）。

　　A．20h　　　　　　B．45h　　　　　　C．25h

项目三

复杂直流电路的制作

项目描述

直流电桥电路是复杂直流电路在实际工作中的具体应用，通过直流电桥电路的制作能够学习复杂直流电路的基本知识，认识复杂直流电路的基本构成，提高学习者的动手能力。完成制作后，通过对电路的调试和对记录数据的分析实现理论知识的学习。通过制作电路来验证基尔霍夫定律、戴维南定理和叠加原理，学会分析复杂直流电路。通过本项目的学习，提高学习者的学习兴趣与学习能力。

学习任务

任务1　直流电桥调光电路的制作
任务2　基尔霍夫定律的验证
任务3　戴维南定理的验证
任务4　叠加原理的验证

学习目标

1. 知识目标
（1）掌握直流电桥及其平衡的条件。
（2）了解基尔霍夫定律。
（3）了解戴维南定理。
（4）了解叠加原理。

2. 能力目标
（1）能够叙述电桥电路的原理。
（2）能够运用基尔霍夫定律、戴维南定理和叠加原理分析复杂电路。
（3）能够正确安装直流电路，并记录数据参数。

3. 情感目标
（1）能够进行团结协作，服从管理，懂得安全防护，有团队意识。
（2）认识到自己学习的优势与不足。
（3）乐于与他人合作。
（4）养成和谐和健康向上的品格。

学习工具

1. 电子实训装置、电子元器件和电子测量仪表。
2. 计算机、网络等多媒体现代化终端设备。

学习方法

1. 讲授；师生、学生之间交流学习相结合；总结归纳。
2. 实践操作，点评。

课时安排

建议 36 个学时。

任务 1 直流电桥调光电路的制作

一、任务介绍

电桥是由电阻、电容、电感等元件组成的四边形测量电路，人们常把四条边称为桥臂。作为测量电路，在四边形的一条对角线两端接上电源，另一条对角线两端接上指零仪器。调节桥臂上某些元件的参数值，使指零仪器的两端电压为零，此时电桥达到平衡。本学习任务的主要内容是根据教师提供的器材，制作一个直流电桥调光电路。

二、任务分析

本学习任务的目的是通过直流电桥调光电路的制作来认识直流电桥。在任务实施过程中，使用日常生活中常用的、容易找到或容易购买到的电子元器件。鼓励学生根据不同的电子元器件设计出具有不同特色的直流电桥调光电路。

三、知识导航

什么是直流电桥？直流单臂电桥又称惠斯登电桥，其原理电路如图 3-1-1 所示。图中 R_x、R_2、R_3、R_4 四个电阻连接成四边形，在连接点 a、b 之间接上电源后组成电桥电路。四个电阻的连接点 a、b、c、d 分别称为电桥的顶点；这四个电阻组成的支路 ac、cb、ad、db 称为桥臂。通常 R_2、R_3、R_4 为已知电阻，R_x 为未知（被测）电阻，而在电桥的另外两个顶点 c、d 之间接一个指零仪（检流计）。此种电桥一般可用于电阻的测量，有较高的灵敏度和准确性，在电工测量中应用广泛。此外，电桥在其他许多领域也得到了应用，如直流电桥调光电路。

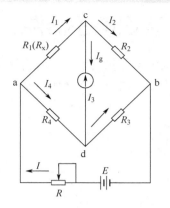

图 3-1-1 直流电桥电路

当电桥电源接通之后，调节桥臂电阻 R_2、R_3 和 R_4，使 c、d 两个顶点的电位相等，即指零仪两端没有电位差，其电流 I_g=0，这种状态称为电桥平衡。当电桥平衡时，有：

$$I_1R_x = I_4R_4 \tag{1}$$

$$I_2R_2 = I_3R_3 \tag{2}$$

由于 I_g=0，根据基尔霍夫定律可得，I_1=I_2 和 I_3=I_4，代入式（1）和式（2），并将两式相除得：

$$\frac{R_x}{R_2} = \frac{R_4}{R_3} \tag{3}$$

所以：

$$R_x = \frac{R_2}{R_3}R_4 \tag{4}$$

式（4）表明，当电桥平衡时，可以由 R_2、R_3 和 R_4 的电阻值求得被测电阻 R_x。为读数方便，制造时，使 R_2/R_3 的值为可调十进制倍数的比率，如 0.1、1.0、10、100 等。这样，R_x 便为已知量 R_4 的十进制倍数，便于读取被测量。R_2/R_3 称为电桥的比率臂，电阻 R_4 称为比较臂。

用电桥测电阻实际上是将被测电阻与已知标准电阻进行比较来确定被测电阻值，只要比率臂电阻 R_2、R_3 和比较臂电阻 R_4 足够精确，R_x 的测量准确度也就比较高。直流单臂电桥的准确度分为 0.01、O.02、0.05、0.1、0.2、0.5、1.0、2.0 八个等级。

由于式（4）是根据 I_g=0 得出的结论，所以指零仪必须采用高灵敏度的检流计，以确保电桥的平衡条件，从而保证电桥的测量精度。

四、任务实施

直流电桥调光电路的电桥工作在不平衡状态，如图 3-1-2 所示为直流电桥测试电路，电桥不平衡导致输出不平衡电压 U_{cd}，用改变电桥的不平衡度来改变输出不平衡电压 U_{cd} 从而改变发光二极管发光的亮度。本学习任务在电工、电子实训中心或普通教室内均可完成，任务具体实施步骤如下。

学习活动 1 认识电子器件，完成电路安装

1. 请仔细观察图 3-1-2 所示电路，找出电路中所需设备、器件。
2. 分组讨论设备、器件性能并根据图 3-1-2 所示安装电路图。

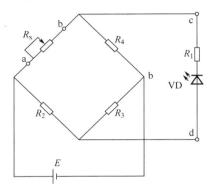

图 3-1-2 直流电桥测试电路

学习活动 2 直流电桥电路的制作

1. E=5v，R_2=200 Ω，R_3=1000Ω，R_4=500Ω，R_x 为滑动变阻器。当 R_x 为 50Ω，100Ω，150Ω，200Ω 等数值，观察 cd 两点间电压 U 的读数。
2. 将 U 的读数记录到表 3-1-1 中，分析读数有什么规律。
3. 通过改变滑动变阻器 R_x 观察发光二极管亮度的变化。

表 3-1-1

R_x/Ω				
U/V				

任务 2 基尔霍夫定律的验证

一、任务介绍

基尔霍夫定律是分析复杂直流电路的定律之一，它分为基尔霍夫电流定律和基尔霍夫电压定律。你的任务是制作一个直流电路（根据老师的要求或自行设计），对基尔霍夫定律进行验证，以加深对基尔霍夫定律的理解和运用。

二、任务分析

制作基尔霍夫定律验证电路需要用到较多的电子元器件，在制作基尔霍夫定律验证电路之前，我们必须解决 2 个问题：① 熟练掌握万用表的使用；② 可以识别直流电源电压

与极性。

三、知识导航

基尔霍夫定律是电路理论中最基本的定律之一，它阐明了电路整体结构必须遵循的规律，应用十分广泛。基尔霍夫定律包含：（1）电流定律（简称 KCL）；（2）电压定律（简称 KVL）。

1. 基尔霍夫电流定律

基尔霍夫电流定律是指在任何一个瞬时，流入电路中任何一个结点的电流代数和恒等于零。这一定律实质上是电流连续性的表现。运用此定律时必须注意电流的方向，如事先不知道电流的真实方向，可假设一个电流参考方向，根据参考方向可写出 KCL 的数学表达式。

如图 3-2-1 所示的电路中，对节点 a 可列写出

$$I_1 + I_2 - I_3 = 0$$

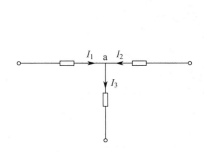

图 3-2-1　基尔霍夫电流定律

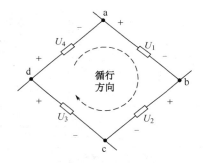

图 3-2-2　基尔霍夫电压定律

上式就是基尔霍夫定律的一般形式，即 $\sum I = 0$。显然，这条定律与各支路上接的是什么样的元件无关，不论是线性电路还是非线性电路，它是普遍适用的。

2. 基尔霍夫电压定律

基尔霍夫电压定律是指在任何一个瞬时，沿任一闭合回路中任一循行方向，各段电压降的代数和恒等于零。

即 $\sum U = 0$

在图 3-2-2 所示的闭合回路中，各支路电压的电压参考方向如图中所示，选取 abcd 循行方向可列写出

$$U_{ab} + U_{bc} + U_{cd} + U_{da} = 0$$

即　　　　　　　　　　$$U_1 + U_2 + U_3 + U_4 = 0$$

显然，基尔霍夫电压定律也与闭合回路中各元件的性质无关，不论是线性电路还是非线性电路，它是普遍适用的。

四、任务实践

本学习任务在电工电子实训中心完成，任务具体实施步骤如下。

学习活动1 认识电子器件，完成电路安装

1．请仔细观察图 3-2-3 所示电路，找出电路中所需设备、器件。

2．分组讨论设备、器件性能并根据图 3-2-3 所示安装电路。

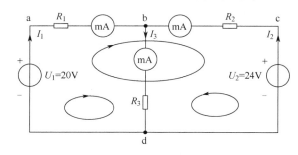

图 3-2-3 基尔霍夫定律实验电路

3．器材准备。（见表 3-2-1）

表 3-2-1 电路元件明细表

元件符号	名称	规格/参数	数量
U_1	直流稳压电源	0～36V	1
U_2	直流稳压电源	0～36V	1
mA	毫安表或万用表		3
R_1	电阻	几百到几千欧 1/4W	1
R_2	电阻	几百到几千欧 1/4W	1
R_3	电阻	几百到几千欧 1/4W	1

4．安装步骤。

（1）按电路原图 3-2-3 所示进行接线。

（2）检查无误后，方可通入直流电源。

5．注意事项。

（1）电源、毫安表的极性。

（2）测量元器件时，注意调换万用表挡位。

学习活动2 测量各支路电流、电压

1．调节稳压电源的输出，使输出电压 U_1 为 20 V，U_2 为 24 V，并用直流电压表校验。

2．用直流电流表测量各支路电流，并将读数记入表 3-2-2 中，同时将计算值也记入表 3-2-2 中进行比较。

3．用直流电压表测量各支路电压，将读数记入表 3-2-3 中，并将计算值也记入表 3-2-3

中进行比较。

表 3-2-2　图 3-2-3 实验线路中各支路电流

电流 项目	I_1	I_2	I_3
计算值/mA			
测量值/mA			

表 3-2-3　图 3-2-3 实验线路中各支路电压

电压 项目	U_{ad}	U_{cd}	U_{ab}	U_{cb}	U_{bd}
计算值/V					
测量值/V					

学习活动 3 | KCL、KVL 验证

1. 用表 3-2-2 和表 3-2-3 中测量的数据来验证各结点的电流之和是否满足 $\sum I=0$，各支路的电压之和是否满足 $\sum U=0$，并计算误差。

2. 小组讨论，产生误差的大致原因是什么？

表 3-2-4　验证 KCL

$\sum$ 节点	b	d
$\sum I$(计算值)		
$\sum I$(测量值)		
误差 ΔI		

表 3-2-5　验证 KVL

$\sum$ 回路	Abda	cbdc	abcda
$\sum U$(计算值)			
$\sum U$(测量值)			
误差 ΔU			

任务 3 戴维南定理的验证

一、任务介绍

戴维南定理是说怎样把一个线性有源二端网络等效成一个电压源的重要定理。你的任务是根据老师提供的器材安装一个直流电路，对戴维南定理进行验证。

二、任务分析

本学习任务的目的是能通过安装一个直流电路，对戴维南定理进行验证。在任务实施过程中需要使用不同的电子元器件安装设计达到验证的目的。鼓励学生设计不同的电路进行安装，并利用电路数据来验证戴维南定理。

三、知识导航

1. 二端网络

在直流电路中，凡是有两个输出端的部分电路都可以称为二端网络。二端网络中，含有电源就称为有源二端网络，如图 3-3-1 所示；若没有电源就称为无源二端网络，如图 3-3-2 所示。电阻的连接都属于无源二端网络，用等效电阻来代替，有源二端网络需要等效电压源来代替。

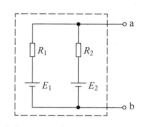

图 3-3-1　有源二端网络图

2. 戴维南定理

戴维南定理又称等效电源定理，是由法国科学家 L·C·戴维南于 1883 年提出的一个电学定理。由于早在 1853 年，亥姆霍兹也提出过本定理，所以又称亥姆霍兹—戴维南定理。其内容是：一个含有独立电压源、独立电流源及电阻的线性网络的两端，就其外部形态而言，在电性上可以用一个独立电压源 V 和一个松弛二端网络的串联电阻组合来等效。

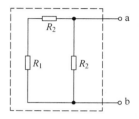

图 3-3-2　无源二端网络图

对于含独立源、线性电阻和线性受控源的二端网络，都可以用一个电压源与电阻相串联的二端网络来等效，这个电压源的电压，就是此二端网络的开路电压，这个串联电阻就是从此二端网络两端看进去、当其内部所有独立源均置零以后的等效电阻。

U_{oc} 称为开路电压。R_0 称为戴维南等效电阻。在电子电路中，当二端网络视为电源时，称此电阻为输出电阻，常用 R_o 表示；当二端网络视为负载时，则称为输入电阻，并常用 R_i 表示。电压源 U_{oc} 和电阻 R_o 的串联二端网络，常称为戴维南等效电路。

四、任务实施

学习活动 1　认识电子器件，完成电路安装

1. 请仔细观察图 3-3-3 所示电路，找出电路中所需设备、器件。
2. 分组讨论设备、器件性能并根据图 3-3-3 所示安装电路。

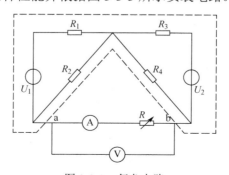

图 3-3-3　复杂电路

3．器材准备

表 3-3-1　电路元件明细表

元件符号	名称	规格/参数	数量
U_1	直流稳压电源	0～36V	1
U_2	直流稳压电源	0～36V	1
mA	毫安表或万用表		1
V	直流电压表或万用表		1
R_1	电阻	几百到几千欧 1/4W	1
R_2	电阻	几百到几千欧 1/4W	1
R_3	电阻	几百到几千欧 1/4W	1
R_4	电阻	几百到几千欧 1/4W	1

4．安装步骤

（1）按电路原图 3-3-3 所示进行接线。

（2）检查无误后，方可通入直流电源。

5．注意事项

（1）电源、电压表、电流表的极性。

（2）测量元器件时，注意调换万用表挡位。

学习活动 2　戴维南定理的验证

1．按图 3-3-3 接线后，从 ab 两点间的虚框内看进去，是一个有源二端网络。

2．用实验的方法测得或用计算的方法可得到上述有源二端网络的等效电阻 R_0。

3．将 ab 断开，测出 ab 两点间的开路电压 U。即：等效电压源的电压 E_0，然后连接好 ab 两点间的电路，分别测出 R 从大到小直到短路的电压和电流并记入表 3-3-2 中。

4．用上述测得的等效参数 E_0 和 R_0 组成等效电源，按图 3-3-4 接线（E_0 用可调稳压电源，R_0 用电阻箱调得），负载电阻值的变化与表 3-3-2 一样。

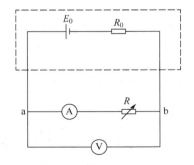

图 3-3-4　等效后的电路

表 3-3-2

给定值：U_1=5V U_2=15V R_1=240Ω R_3=240Ω R_4=120Ω

$R/Ω$	开路∞						短路 0
I/mA							
U/V							

任务 **4**   叠加原理的验证

一、任务介绍

叠加原理是解含有几个独立源的复杂电路的方法之一，它可将含有几个独立源的复杂直流电路分解为几个独立源单独作用的简单电路来研究。你的任务是根据老师提供的元器件制作一个直流电路，来验证叠加原理。

二、任务分析

制作叠加原理验证电路需要用到不同的电子元器件，在制作叠加原理验证电路之前我们必须解决 2 个问题：① 电路的开路、短路、断路的识别；② 识别电压、电流的方向。

三、知识导航

当有几个电源在某线性网络中共同作用时，它们在电路中任何一条支路上产生的电流或电压等于这些电源分别单独作用时在该支路上产生的电流和电压的代数和。在这些电源单独作用时，必须对其他电源作除源处理（电压源短路、电流源开路，但保留其内阻），这就是线性电路的**叠加定理**。如果电路是非线性的，或者对于线性电路中的功率，叠加定理是不适用的。

四、任务实施

本学习任务在电工电子实训中心完成，任务具体实施步骤如下。

学习活动 1 认识电子器件，完成电路安装

1. 请仔细观察图 3-4-1 所示电路，找电路中所需设备、器件。
2. 分组讨论设备、器件性能并根据图 3-4-1 所示安装电路。

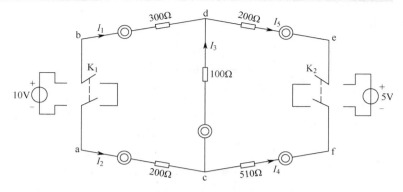

图 3-4-1 叠加原理实验线路

学习活动 2 叠加原理验证

1．按图 3-4-1 所示的线路接线，并将直流稳压电源的两路输出电压分别调节为 10 V 和 5 V。

2．将 K₁ 合向 10 V 电压源处，电路接通 10 V 电压源，K₂ 短接，电路由 10 V 电压源单独作用，测量各支路电流和电压的数值，并填入表 3-4-1 中。

3．将 K₁ 断开 10V 电压源并短接，将 K₂ 合向 5V 电压源处，电路接通 5 V 电压源，电路由 5V 电压源单独作用，测量各支路电流和电压的数值，并填入表 3-4-1 中。

4．将 K₁、K₂ 分别合向 10V、5V 电压源处，接通 10V 和 5V 电压源，电路由 10V 和 5V 电压源共同作用，测量各支路电流和电压的数值，并填入表 3-4-1 中。

表 3-4-1 叠加原理实验数据

电流、电压 \ 项目	I_1	I_2	I_3	I_4	I_5	U_{bd}	U_{ac}	U_{cf}	U_{dg}	U_{cd}
10V 电压源单独作用										
5V 电压源单独作用										
10V、5V 电压源共同作用										
10V、5V 电压源共同作用										

注：电流的单位为 mA，电压的单位为 V。

项目评价

1．每组选派一名代表以 PPT、录像或影片的形式向全班展示、汇报学习成果。

2．在每位代表展示结束后，其他每组请选派一名代表进行简要点评。

学生代表点评记录：

3．项目评价内容。

项目评价表

评价内容	学习任务	配分	评分标准	得分
专业能力	任务 1　直流电桥调光电路的制作	20	完成任务，功能正常得 12 分；方法步骤正确，动作准确得 3 分；符合操作规程，人员设备安全得 3 分；遵守纪律，积极合作，工位整洁得 2 分。损坏设备和零件此题不得分	
	任务 2　基尔霍夫定律的验证	20	完成任务，功能正常得 12 分；方法步骤正确，动作准确得 3 分；符合操作规程，人员设备安全得 3 分；遵守纪律，积极合作，工位整洁得 2 分。损坏设备和零件此题不得分	
	任务 3　戴维南定理的验证	20	完成任务，功能正常得 12 分；方法步骤正确，动作准确得 3 分；符合操作规程，人员设备安全得 3 分；遵守纪律，积极合作，工位整洁得 2 分。损坏设备和零件此题不得分	
	任务 4　叠加原理的验证	20	完成任务，功能正常得 12 分；方法步骤正确，动作准确得 3 分；符合操作规程，人员设备安全得 3 分；遵守纪律，积极合作，工位整洁得 2 分。损坏设备和零件此题不得分	
方法能力	任务 1～5 整个工作过程	10	信息收集和筛选能力、制订工作计划、独立决策、自我评价和接受他人评价的承受能力、测量方法、计算机应用能力。根据任务 1～6 工作过程表现评分	
社会能力	任务 1～5 整个工作过程	10	团队协作能力、沟通能力、对环境的适应能力、心理承受能力。根据任务 1～6 工作过程表现评分	
总得分				

4．指导老师总结与点评记录：

5．学习总结：

思考与练习

1. 直流电桥平衡的条件是：_____。

2. 基尔霍夫电流定律简称_____，又称_____，是反映电路中与同一节点相连的支路中电流之间关系的定律。

3. 基尔霍夫电压定律简称_____，又称_____，是反映了回路中各电压间的相互关系的定律。

4. 戴维南定理又称_____定律。

5. 测量直流电流时，电流表应该在_____被测电路中，测量直流电压时，电压表应该在_____被测电路中。

项目四

磁场与电磁感应产品的制作

项目描述

随着科学技术的不断发展，经过人们不断探索和努力，磁场与电磁感应的技术在现实生活中不断地得到运用。例如：电磁炉、微波炉、蓝牙技术、磁悬浮列车、自动冲厕电磁阀、电磁控制门等。本项目本着取材方便、可操作性强的原则，通过若干个磁场与电磁感应产品的制作来实现磁场和电磁感应基本知识的学习。

学习任务

　　任务 1　简易指南针的制作
　　任务 2　电磁铁的制作
　　任务 3　简易发电机的制作
　　任务 4　简易变压器的制作
　　任务 5　简易直流电动机的制作

学习目标

　　1. 知识目标
　　（1）了解磁场、磁感应强度及磁极间的相互作用。
　　（2）了解磁场对电流的作用及电流的磁效应。
　　（3）掌握电磁感应。
　　（4）掌握自感和互感。
　　（5）了解铁磁材料与磁路。

　　2. 能力目标
　　（1）能描述出指南针的工作原理。
　　（2）能通过电磁铁的制作认识电磁感应现象。
　　（3）能通过直流电动机的制作认识电磁感应现象。
　　（4）能通过变压器的制作认识自感与互感现象。
　　（5）学会简易直流电动机的制作。

　　3. 情感目标
　　（1）通过自主学习培养学生积极向上的学习态度。

（2）通过完成任务克服困难树立自信心，增强克服困难的意志。

（3）通过小组协作学习，提高学生团队协作精神。

（4）通过积极与他人合作，共同学习，形成乐于与他人分享知识大公无私。

（5）在提建议时，学会用适当的语气来说明自己建议的合理性。

（6）学会如何通过提供客观信息来否定他人的建议。

学习工具

计算机、智能手机、磁铁、国家资源库、漆包线、绝缘纸、电池。

学习方法

行动导向学习法、讨论学习法、合作学习法、自由作业法、4 阶段学习法、任务驱动学习法、比较学习法、听讲学习法、跟踪学习法、探索式学习法。

课时安排

建议 18 个学时。

任务 1 简易指南针的制作

一、任务介绍

指南针是我国古代的四大发明之一，也是中华民族对世界文明作出的一项重大贡献。它是根据物理学上磁学原理研制而成。现在的任务就是根据老师提供的材料制作一个简易指南针。或者是通过上网查询，自己准备材料制作一个具有特色的简易指南针。

二、任务分析

制作一个简易指南针方法很多材料各异，在制作一个指南针之前我们必须解决 2 个问题：1. 磁针制作；2. 让磁针能水平灵活转动。其实，不同的旋转方法反映出了我们要做什么款式的指南针。如水浮式、悬挂式、转轴式等。鼓励学生通过百度搜索"简易指南针的制作"进行自主学习。

三、知识导航

简易指南针的制作过程中观察到的现象及相关知识。

1. 磁体及磁化

某些物体能够吸引铁、镍、钴等物质的性质称为磁性。具有磁性的物体称为磁体。磁体分天然磁体和人造磁体两大类。如在实习中用到的条形或环形磁铁都是常见的人造磁体，磁体两端磁性最强的部分称磁极。

缝衣针原本没有磁性，它与磁铁摩擦后就具有了磁性，这种使原来不具有磁性的物质获得磁性的过程就叫磁化，只有铁磁性物质才能被磁化，而非铁磁性物质是不能被磁化的。

当一个线圈的结构、形状、匝数都已确定时，铁磁物质的磁感应强度 B 随磁场强度 H 变化的规律叫磁化特性，可用 $B—H$ 特性曲线来表示，称为磁化曲线。

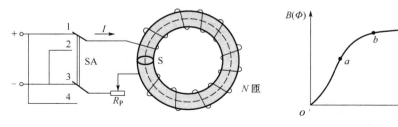

图 4-1-1　磁化曲线

曲线 oa 段较为陡峭，B 随 H 近似成正比增，适合制作信息记录工具，如：磁带、磁卡、计算机的磁盘。ab 随着 H 值的增加，B 值的上升又缓慢了，电机和变压器通常工作在曲线的 ab 段，即接近饱和的地方。到达 b 点以后，即使再增大线圈中的电流，再增大 H 值，B 值也几乎不再增加，曲线变得平坦，称为饱和段，此时的磁感应强度叫饱和磁感应强度。锰镁铁氧体、锂锰铁氧体等通常工作在曲线的此段。

2. 磁场及其相互作用

1）磁场

你自己可以通过试验，磁铁和被磁铁磁化的缝衣针磁之间虽然互相不接触却存在相互作用力，这是为什么呢？原来在磁体周围的空间存在着一种特殊的物质——磁场，磁极之间的作用力就是通过磁场传送的。被磁铁磁化的缝衣针具有了磁性，缝衣针便成为了自制的指南针，静止后的缝衣针总是一端磁极指南，另一端指北。指北的磁极称北极（N）；指南的磁极称南极（S）。与电荷间的相互作用力相似，磁体间的相互作用力称为磁场力，当两个磁极靠近时，它们之间也会产生相互作用的力：同名磁极相互排斥，异名磁极相互吸引。

2）磁感线

通常用磁感线来形象地描述磁场的分布情况，磁感线是为研究问题方便人为引入的假想曲线，实际上并不存在。

在磁场中画一系列曲线，使曲线上每一点的切线方向都与该点的磁场方向相同，这些曲线称为磁感线，如图 4-1-2～图 4-1-4 所示。

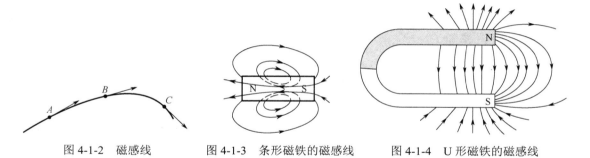

图 4-1-2　磁感线　　　　图 4-1-3　条形磁铁的磁感线　　　图 4-1-4　U 形磁铁的磁感线

磁感线的特点：

（1）磁感线的切线方向表示磁场方向，其疏密程度表示磁场的强弱。

（2）磁感线是闭合曲线，在磁体外部，磁感线由 N 极出来，绕到 S 极；在磁体内部，磁感线的方向由 S 极指向 N 极。

（3）任意两条磁感线不相交。

在磁场中某一区域，若磁场的大小方向都相同，这部分磁场称为匀强磁场。匀强磁场的磁感线是一系列疏密均匀、相互平行的直线。

3. 磁感应强度

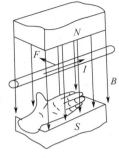

图 4-1-5

如图 4-1-5 所示，在均匀磁场中，让导线方向与磁场方向垂直，导线通电后受到力的作用。磁场中垂直于磁场方向的通电直导线，所受的磁场力 F 与电流 I 和导线长度 L 的乘积 Il 的比值叫做通电直导线所在处的磁感应强度 B，即：

$$B = \frac{F}{Il}$$

磁感应强度是描述磁场强弱和方向的物理量。

磁感应强度是一个矢量，它的方向即为该点的磁场方向。在国际单位制中，磁感应强度的单位是：特斯拉（T）。

用磁感线可形象的描述磁感应强度 B 的大小。磁感应强度 B 较大的地方，磁场较强，磁感线较密；磁感应强度 B 较小的地方，磁场较弱，磁感线较稀；磁感线的切线方向即为该点磁感应强度 B 的方向。

匀强磁场中各点的磁感应强度大小和方向均相同。

4. 磁通

在磁感应强度为 B 的匀强磁场中取一个与磁场方向垂直，面积为 S 的平面，则 B 与 S 的乘积，叫做穿过这个平面的磁通量 Φ，简称磁通。即

$$\Phi = BS$$

磁通的国际单位是韦伯（Wb）。

由磁通的定义式，可得：

$$B = \frac{\Phi}{S}$$

即磁感应强度 B 可看作是通过单位面积的磁通，因此磁感应强度 B 也常叫做磁通密度，并用 Wb/m^2 作单位。

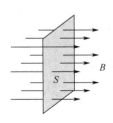
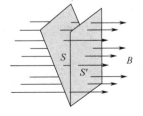

图 4-1-6　磁通

5. 磁导率

1）磁导率 μ

磁场中各点的磁感应强度 B 的大小不仅与产生磁场的电流和导体有关，还与磁场内媒介质（又叫做磁介质）的导磁性质有关。在磁场中放入磁介质时，介质的磁感应强度 B 将发生变化，磁介质对磁场的影响程度取决于它本身的导磁性能。

物质导磁性能的强弱用磁导率 μ 来表示。μ 的单位是：亨利/米（H/m）。不同的物质磁导率不同。在相同的条件下，μ 值越大，磁感应强度 B 越大，磁场越强；μ 值越小，磁感应强度 B 越小，磁场越弱。

真空中的磁导率是一个常数，用 μ_0 表示：

$$\mu_0 = 4\pi \times 10^{-7}\,\text{H/m}$$

2）相对磁导率 μ_r

为便于对各种物质的导磁性能进行比较，以真空磁导率 μ_0 为基准，将其他物质的磁导率 μ 与 μ_0 比较，其比值叫相对磁导率，用 μ_r 表示，即：

$$\mu_r = \frac{\mu}{\mu_0}$$

根据相对磁导率 μ_r 的大小，可将物质分为三类：

（1）顺磁性物质：μ_r 略大于 1，如空气、氧、锡、铝、铅等物质都是顺磁性物质。在磁场中放置顺磁性物质，磁感应强度 B 略有增加。

（2）反磁性物质：μ_r 略小于 1，如氢、铜、石墨、银、锌等物质都是反磁性物质，又叫做抗磁性物质。在磁场中放置反磁性物质，磁感应强度 B 略有减小。

（3）铁磁性物质：$\mu_r \gg 1$，且不是常数，如铁、钢、铸铁、镍、钴等物质都是铁磁性物质。在磁场中放入铁磁性物质，可使磁感应强度 B 增加几千甚至几万倍。

6. 指南针的发明

中国的四大发明是印刷术、火药、指南针、造纸术。指南针是一种判别方位的简单仪器，又称指北针。据《古矿录》记载最早出现于战国时期的磁山一带。它最早发明于何时，是谁人发明的，目前还没有定论，但是传统的说法，也是权威性的说法是轩辕黄帝发明的。它是古代汉族劳动人民在长期的实践中对物体磁性认识的结果，常用于航海、大地测量、旅行及军事等方面。

本学习任务同学们可通过百度搜索简易指南针制作方法，小组讨论指南针制作方案，主动探究知识。制作指南针是本课的难点，让我们通过小组合作制作指南针，解决遇到的实际性问题，体验成功的喜悦，更能从中体会到学问是做出来的，技能是练出来的，以科学的态度对待问题，知道只有实践才是检验真理的唯一标准。展示小组制作的指南针，同时汇报搜集到的相关资料进行学习。

四、任务实施

1. 器材准备

要完成本学习任务需要以下器材，如图 4-1-7～图 4-1-12 所示。

图 4-1-7　缝衣针　　　　　图 4-1-8　磁铁　　　　　图 4-1-9　暗扣

图 4-1-10　回形针　　　　图 4-1-11　老虎钳　　图 4-1-12　标有方向的硬纸板

2. 操作步骤

（1）首先缝衣针放磁铁上磨大约 40 下，目的是让缝衣针磁化带有磁性。

（2）指南针底座的制作（可选择其中的一种或其他种类均可），如图 4-1-13～图 4-1-15 所示。

图 4-1-13　暗扣底座　　　图 4-1-14　冷接头底座　　图 4-1-15　圆珠笔芯底座

（3）将带有磁性的缝衣针穿过指南针底座，使之平衡，如图 4-1-16～图 4-1-18 所示。

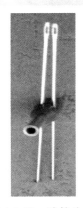

图 4-1-16　暗扣指南针　　　　图 4-1-17　圆珠笔芯指南针　　　　图 4-1-18　冷接头指南针

（4）将回形针弯成一个稳定的支架，用来放置指南针，如图 4-1-19 所示。

图 4-1-19　回形针弯成支架

（5）将回形针穿过标有方向"东南西北"的纸板，作为指南针的底座，如图 4-1-20
所示。

（a）　　　　　　　　　　　　　（b）

图 4-1-20　指南针底座

（6）将穿过底座的缝衣针放置在支架上无缝的地方，调整底座方向，使缝衣针总是指
向南北两极，这样一个简易的指南针就做好了，如图 4-1-21 所示。

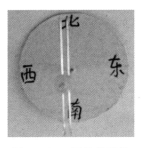

图 4-1-21　简易指南针

3．制作过程中应该注意的问题：

（1）在磨缝衣针的时候要注意始终只用磁铁的某一极，并且始终朝着一个方向磨，同时次数要够，这样才能磁化缝衣针并且具有较强磁性。

（2）暗扣的小孔与缝衣针要匹配，否则缝衣针难以固定。

（3）没有暗扣也可以用冷接头或截取一小段（4～10mm）圆珠笔芯，将其中一端封口来代替。

（4）缝衣针穿过底座时，要小心不要戳到手指。

（5）在用老虎钳压弯暗扣时，可以用老虎钳夹住暗扣一端，然后另一只手用力施压来压弯，这样既省力又可以保证两端小孔的平衡。

（6）因为地磁场是很弱的，指南针调整的范围不可能很大。

任务 **2** 电磁铁的制作

一、任务介绍

本工作任务是制作一个 9V 电磁铁，通电后能正常吸起约 50g 的重物，要求利用万用表进行测量线圈电阻 R、工作电压 U、工作电流 I，并对电磁铁工作状态及故障分析进行判断。

二、任务分析

电磁铁是电流磁效应的一个应用，与生活联系紧密，如电磁继电器、电磁起重机、磁悬浮列车、电磁流量计等。本学习任务以电磁铁的制作为载体让学生更具体地体会电流的磁效应，更要让学生明白电磁铁的吸引力与哪些因素有关。学生可通过百度搜索"简易电磁铁的制作"进行自主学习并制作各种各样的电磁铁。

三、知识导航

1．电流的磁效应

1820 年奥斯特发现电流的周围存在磁场，人们把电流周围存在磁场的现象称为电流的磁效应，俗称"动电生磁"。电流的磁效应揭示了磁现象的电本质。

直线电流所产生的磁场方向可用安培定则来判定，方法是：用右手握住导线，让拇指指向电流方向，四指所指的方向就是磁感线的环绕方向。如图 4-2-1 所示。

环形电流的磁场方向也可用安培定则来判定，方法是：让右手弯曲的四指和环形电流方向一致，伸直的拇指所指的方向就是导线环中心轴线上的磁感线方向。如图 4-2-2 所示。

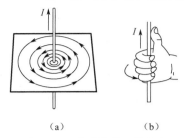

图 4-2-1 磁感线的环绕方向

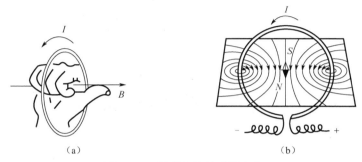

图 4-2-2 环形电流的磁场方向

螺线管通电后，磁场方向仍可用安培定则来判定：用右手握住螺线管，四指指向电流的方向，拇指所指的就是螺线管内部的磁感线方向。如图 4-2-3 所示。

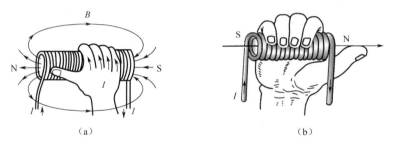

图 4-2-3 螺线管内部的磁感线方向

2. 磁场对电流的作用

1）磁场对通电直导体的作用

通常把通电导体在磁场中受到的力称为电磁力，也称安培力。通电直导体在磁场内的受力方向可用左手定则来判断，如图 4-2-4 所示。

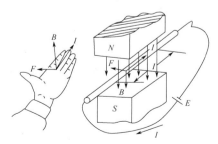

图 4-2-4 通电导体在磁场中受力方向的判断

把一段通电导线放入磁场中，当电流方向与磁场方向垂直时，电流所受的电磁力最大。利用磁感应强度的表达式 $B = F/Il$，可得电磁力的计算式为

$$F = BIl$$

如果电流方向与磁场方向不垂直，而是有一个夹角 α，这时通电导线的有效长度为 $l\sin\alpha$。电磁力的计算式变为：

$$F = BIl\sin\alpha$$

2）通电平行直导线间的作用

两条相距较近且相互平行的直导线，当通以相同方向的电流时，它们相互吸引；当通以相反方向的电流时，它们相互排斥。如图 4-2-5 所示。

判断受力时，可以用右手螺旋法则判断每个电流产生的磁场方向，再用左手定则判断另一个电流在这磁场对通电线圈的作用

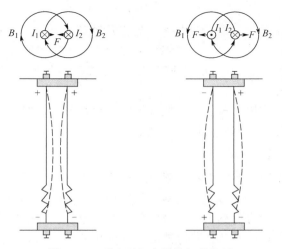

图 4-2-5　通电平行直导线间的作用

3．电磁铁的发明

1822 年，法国物理学家阿拉戈和吕萨克发现，当电流通过其中有铁块的绕线时，它能使绕线中的铁块磁化。这实际上是电磁铁原理的最初发现。1823 年，斯特金也做了一次类似的实验：他在一根并非是磁铁棒的 U 型铁棒上绕了 18 圈铜裸线，当铜线与伏打电池接通时，绕在 U 型铁棒上的铜线圈即产生了密集的磁场，这样就使 U 型铁棒变成了一块"电磁铁"。这种电磁铁上的磁能要比永磁能大很多倍，它能吸起比它重 20 倍的铁块，而当电源切断后，U 型铁棒就什么铁块也吸不住，重新成为一根普通的铁棒。

4．电磁铁的特性

（1）电磁铁的磁力大小可以改变。

（2）电磁铁的磁场方向可以改变。

（3）电磁铁的磁力可以掌控自如。

四、任务实施

1. 器材准备

要完成本学习任务需要以下器材，如图 4-2-6～图 4-2-9 所示。

图 4-2-6　9V 层叠电池　　图 4-2-7　小型变压器铁芯　　图 4-2-8　0.13～0.2mm² 漆包线　　图 4-2-9　绝缘纸

2. 操作步骤

（1）选择小型变压器一字型（或 E 字）硅钢片铁芯 20～30 片叠好。

（2）把叠好的硅钢片铁芯包上一层绝缘纸便得到电磁铁的铁芯。

（3）按 40 匝/V 把 0.13～0.2 mm² 漆包线绕到电磁铁的铁芯上。如：使用 9V 层叠电池供电则绕 40×9=360 匝。

（4）在绕制好的电磁铁上再包一层绝缘纸，电磁铁就制作好了。

（5）利用万用表进行检测电磁铁的电阻值 R。

3. 制作过程中应该注意的问题

（1）漆包线线径不能过粗，否则电磁铁通电会产生过热甚至烧坏。

（2）绕到电磁铁铁芯上的漆包线匝数不能太少，否则电磁铁通电后会过热甚至烧坏。

（3）通电调试不能随意提高供电电源电压，否则电磁铁通电后会过热甚至烧坏。

（4）通电调试中发现线圈和铁芯过热应立即停止通电，然后进行分析原因并修复。

4. 通电调试

电磁铁接上 9V 直流电，利用万用表进行检测电磁铁工作电压 U 和工作电流 I。检测电磁铁能吸起物体的最大重量。

任务 3　简易发电机的制作

一、任务介绍

发电机就是应用导线切割磁感线产生感应电动势的原理发电的，实际应用中，将导线做成线圈，使其在磁场中转动，从而得到连续的电流。你现在的工作任务是制作一个简易发电机，要求：简易发电机发出的电能至少能供一个发光二极管正常发光使用。

二、任务分析

本学习任务的目的是能通过简易发电机的制作认识电磁感应及自感现象。在任务实施过程中使用日常生活中常用的、容易找到或容易购买到的材料。鼓励学生根据不同的材料设计出具有不同特色的简易发电机。

三、知识导航

1. 电磁感应现象

电流能产生磁场，人们很自然会想磁场能否产生电流呢？将一条形磁铁放置在线圈中，当其静止时，检流计的指针不偏转，但将它迅速地插入或拔出时，检流计的指针都会发生偏转，说明线圈中有电流。

图 4-3-1　电磁感应现象

这种利用磁场产生电流的现象称为电磁感应现象，俗称"动磁生电"。产生的电流称为感应电流，产生的电动势称为感应电动势。产生感应电动势的原因是磁铁的插入和拔出导致线圈中的磁通发生了变化，如果电路是闭合回路则会产生感应电流。

2. 楞次定律

楞次定律指出了磁通的变化与感应电动势在方向上的关系，即：感应电流产生的磁通总是阻碍原磁通的变化。判断方法如图 4-3-2 所示。

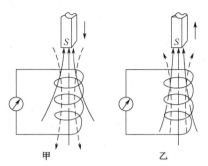

实线表示磁铁的磁感线，虚线表示感应电流的磁感线

图 4-3-2　判断方法

当磁铁插入线圈时，原磁通在增加，线圈所产生的感应电流的磁场方向总是与原磁场

方向相反，即感应电流的磁场总是阻碍原磁通的增加。

当磁铁拔出线圈时，原磁通在减少，线圈所产生的感应电流的磁场方向总是与原磁场方向相同，即感应电流的磁场总是阻碍原磁通的减少。

楞次定律是判断感应电动势和电源电流方向的法则，应用楞次定律来判断感应电流的方向，首先要明确原来磁场的方向，以及穿过闭合回路的磁通量是增加还是减少，然后根据楞次定律确定感应电流产生的磁场的方向，最后根据右手定则判断感应电流的方向。

3. 法拉第电磁感应定律（见图4-3-3）

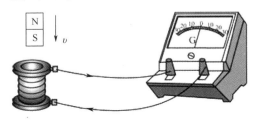

图 4-3-3　法拉第电磁感应

通过以上实验发现：如果改变磁铁插入或拔出的速度就能改变电流的大小，磁铁运动速度越快，指针偏转角度越大，反之越小。而磁铁插入或拔出的速度反映的是线圈中磁通变化的速度。即：线圈中感应电动势的大小与线圈中磁通的变化率成正比。这就是法拉第电磁感应定律。用 $\Delta\Phi$ 表示线圈中磁通的变化量，Δt 时间间隔内单匝线圈中产生的感应电动势的大小，与穿过线圈的磁通变化率成正比，即：

$$E = \frac{\Delta\Phi}{\Delta t}$$

对于 N 匝线圈，有：

$$E = N\frac{\Delta\Phi}{\Delta t} = \frac{N\Phi_2 - N\Phi_1}{\Delta t}$$

式中 $N\Phi$ 表示磁通与线圈匝数的乘积，称为磁链，用 Ψ 表示。即：

$$\Psi = N\Phi$$

于是对于 N 匝线圈，感应电动势为：

$$E = \frac{\Delta\Psi}{\Delta t}$$

4. 直导线切割磁感线产生感应电动势

感应电动势的方向可用右手定则判断。平伸右手，大拇指与其余四指垂直，让磁感线穿入掌心，大拇指指向导体运动方向，则其余四指所指的方向就是感应电动势的方向，如图4-3-4所示。

如图4-3-5所示，$abcd$ 是一个矩形线圈，它处于磁感应强度为 B 的匀强磁场中，线圈平面和磁场垂直，ab 边可以在线圈平面上平行滑动。设 ab 长为 l，匀速滑动的速度为 v，在 Δt 时间内，由位置 ab 滑动到 $a'b'$，利用电磁感应定律，ab 中产生的感应电动势大小为：

$$e = \frac{\Delta\phi}{\Delta t} = \frac{B\Delta s}{\Delta t} = \frac{Blv\Delta t}{\Delta t} = Blv$$

即：$e = Blv$

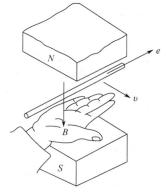

图 4-3-4　感应电动势的方向判断

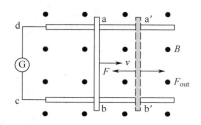

图 4-3-5　导体产生的电动势

如果导体运动方向与磁感线方向有一夹角 α，如图 4-3-6 所示，则导体中的感应电动势为：

$$e = Blv\sin\alpha$$

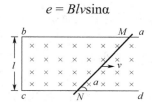

图 4-3-6　导体运动方向与磁感线方向有一夹角

5. 举例说明

如图 4-3-7 所示，在磁感应强度为 B 的匀强磁场中，有一长度为 l 的直导体 AB，可沿平行导电轨道滑动。当导体以速度 v 向左匀速运动时，试确定导体中感应电动势的方向和大小。

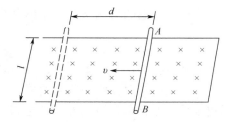

图 4-3-7　导体的电动势

解：（1）导体向左运动时，导电回路中磁通将增加，根据楞次定律判断，导体中感应电动势的方向是：

B 端为正，A 端为负。用右手定则判断，结果相同。

（2）设导体在 Δt 时间内左移距离为 d，则导电回路中磁通的变化量为：

$$\Delta \Phi = B\Delta S = Bld = Blv\Delta t$$

如果导体和磁感线之间有相对运动时，用右手定则判断感应电流方向较为方便；

如果导线与磁感线之间无相对运动，只是穿过闭合回路的磁通发生了变化，则用楞次定律来判断感应电流的方向。

6. 自感

（1）自感现象

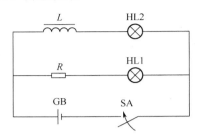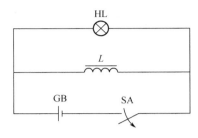

图 4-3-8　电路图

以上实验发现：合上开关，HL2 比 HL1 亮的慢，断开开关，灯泡闪亮一下才熄灭。

当线圈中的电流发生变化时，线圈中就会产生感应电动势，这个电动势总是阻碍线圈中原来电流的变化。

这种由于流过线圈本身的电流发生变化而引起的电磁感应现象称为自感现象，简称自感。

在自感现象中产生的感应电动势称为自感电动势，用 e_L 表示，自感电流用 i_L 表示。

（2）自感系数

自感电流产生的磁通称为自感磁通。当同一电流通过结构不同的线圈时，产生的自感磁通是不同的。为了衡量不同线圈产生自感磁通的能力，引入自感系数（简称电感）这一物理量，用 L 表示。它在数值上等于一个线圈中通过单位电流所产生的自感磁通。称为自感系数。L 的单位是亨利，用 H 表示。常采用较小的单位有毫亨（mH）和微亨（μH）。

当线圈匝数为 N 时，线圈的自感磁链为：

$$\Psi_L = N\Phi_L$$

同一电流流过不同的线圈，产生的磁链不同，为表示各个线圈产生自感磁链的能力，将线圈的自感磁链与电流的比值称为线圈的自感系数，简称电感，用 L 表示：

$$L = \frac{\Psi_L}{I}$$

线圈的电感是由线圈本身的特性决定的。线圈越长，单位长度上的匝数越多，截面积越大，电感就大。有铁心的线圈，其电感要比空心线圈的电感大得多。

有铁心的线圈，其电感也不是一个常数，称为非线性电感。电感为常数的线圈称为线性电感。空心线圈当其结构一定时，可近似地看成线性电感。

（3）自感电动势

由电磁感应定律，可得自感电动势为：

$$E_L = \frac{\Delta\Psi}{\Delta t}$$

将 $\Psi_L = LI$ 代入，则：

$$E_L = \frac{\Psi_{L2} - \Psi_{L1}}{\Delta t} = \frac{LI_2 - LI_1}{\Delta t} = L\frac{\Delta I}{\Delta t}$$

自感电动势的大小与线圈中电流的变化率成正比。当线圈中的电流在 1s 内变化 1A 时，引起的自感电动势是 1V，则这个线圈的自感系数就是 1H。

（4）自感现象的应用

自感现象在各种电器设备和无线电技术中有着广泛的应用。日光灯的镇流器就是利用线圈自感的一个例子。如图 4-3-9 是日光灯的电路图，启动器结构图如图 4-3-10 所示。

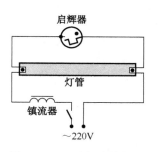

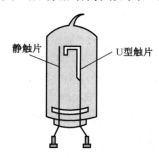

图 4-3-9　日光灯电路图　　　　　图 4-3-10　启动器结构图

当开关闭合后，电源把电压加在启动器的两极之间，使氖气放电而发出辉光，辉光产生的热量使 U 形片膨胀伸长，跟静触片接触而使电路接通，于是镇流器的线圈和灯管的灯丝中就有电流通过。电流接通后，启动器中的氖气停止放电，U 形触片冷却收缩，两个触片分离，电路自动断开。在电路突然断开的瞬间，镇流器的两端产生一个瞬时高压（自感电动势），这个电压和电源电压都加在灯管两端，使灯管中的水银蒸气开始导电，于是日光灯管成为电流的通路开始发光。在日光灯正常发光时，与灯管串联的镇流器就起着降压限流的作用，保证日光灯的正常工作。

7. 发电机的发明

在公元 1831 年，法拉第通过实验将一个封闭电路中的导线通过电磁场，导线转动有电流流过电线，法拉第因此了解到电和磁场之间有某种紧密的关联，他建造了第一座发电机原型，其中包括了在磁场中迴转的铜盘，此发电机产生了电力。在此之前，所有的电皆由静电机器和电池所产生，而这二者均无法产生巨大力量。但是，法拉第的发电机终于改变了一切。法拉第曾煞费苦心，通过研究和反复实验，终于发现了这一影响巨大的科学原理，而且他确信，利用此原理肯定能制造出可以实际发电的发电机。就在法拉第发现电磁感应原理的第二年，受法拉第发现的启示，法国人皮克希应用电磁感应原理制成了最初的发电机。从皮克希发明发电机后的 30 多年，虽然有所改进，并出现了一些新发明，但成果不大，始终未能研制出能输出像电池那样大的电流、而且可供实用的发电机。

1867 年，德国发明家韦纳·冯·西门子提出了对发电机重大改进的想法。他认为，在发电机上不用磁铁（即永久磁铁），而用电磁铁，这样可使磁力增强，产生强大的电流。

西门子用电磁铁代替永久磁铁发电的原理是，电磁铁的铁芯在不通电流时，也还残存有微弱的磁性。当转动线圈时，利用这一微弱的剩磁发出电流，再返回给电磁铁，促使其磁力增强，于是电磁铁也能产生出强磁性。

接着，西门子着手研究电磁铁式发电机。很快就制成了这种新型的发电机，它能产生皮克发电机所远不能相比的强大电流。同时，这种发电机比连接一大堆电池来通电要方便得多，因此它作为实用发电机被广泛应用起来。

西门子的新型发电机问世后不久，意大利物理学家帕其努悌于 1865 年发明了环状发电机电枢。这种电枢是以在铁环上绕线圈代替在铁芯棒上绕制的线圈，从而提高了发电机的效率。

四、任务实施

1. 器材准备

要完成本学习任务需要准备以下器材：

（1）漆包线（线径 0.213mm）

（2）塑料管（管径 30～60mm）

（3）2.5mm² 铜芯线（长度 70～100mm）的线芯做转轴

（4）2 块高强度磁铁（用胶粘在转轴正中）

（5）2 段塑料吸管或圆珠笔芯（长度 10～15mm/段，防止转轴与线圈摩擦，否则转轴会被漆包线缠住，不能动弹）。

（6）发光二极管

2. 操作步骤

（1）在管径为 30～60mm 的塑料管上钻两个小孔，如图 4-3-11 所示。

图 4-3-11　钻孔

（2）把两小段吸管或圆珠笔芯塞进塑料管上钻的两个小孔里，让转轴能够在吸管或圆珠笔芯内部自由转动。

（3）用漆包线在塑料管上面绕 700 圈左右。

（4）把线圈两端的漆包线上的绝缘漆用小刀刮掉，分别缠在发光二极管的两个管脚上。

（5）把铜芯线转轴穿进去。

（6）在其中一块高强度磁铁用双面胶粘上泡沫塑料（使两块磁铁平行稳定）。

（7）把两块高强度磁铁装在转轴正中，如图 4-3-12 所示。

3. 制作过程中应该注意的问题

（1）塑料管上钻两个小孔，其中一边可开一个豁口，不然转轴较难放进去。

（2）选择线径为 0.13～0.213mm 漆包线，线径太小强度不足，容易断；线径太大体积过大，重量也大。

（3）漆包线在上面绕 700 圈左右。线圈匝数太少发电电压不足，不能点亮发光二极管或发光二极管不够亮。

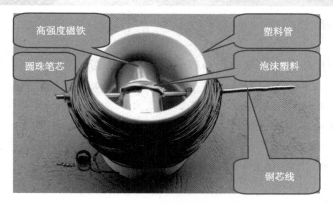

高强度磁铁　塑料管

圆珠笔芯　泡沫塑料

铜芯线

图 4-3-12　制成的发电机

4. 调试

转动发电机转轴，观察发电机的发电情况，即发光二极管的发光情况，如图 4-3-13 所示为发电机正常发电。如果发光不正常需进行线圈匝数调整或检修，并填入表 4-3-1 中。

图 4-3-13　调试

表 4-3-1　简易发电机调试记录表

序　号	发光二极管发光情况	原因分析	检修方法
1	不亮		
2	不够亮		

任务 4　简易变压器的制作

一、任务介绍

你现在的工作任务是制作一个简易小型变压器，要求：小型变压器的输入电压为 220V，输出最大功率为 20W，输出电压为 24V、12V、9V 、6.3V。

二、任务分析

本学习任务的目的是能通过变压器的制作认识自感与互感现象。在任务实施过程中使用目前市场上的学生专用实习套件，它包含了组装一台小型变压器所有的零部件，不需要对变压器进行再重新设计。制作过程中变压器截面积的确定，每伏匝数的确定，漆包线的线径确定，教师根据学校能提供的漆包线线径、线圈骨架、小型变压器铁芯，在保证所有漆包线均能放进线圈骨架的前提下确定每伏匝数(经验值为 6~10)。学生可通过百度搜索"简易变压器的制作"进行自主学习。

三、知识导航

1. 互感

（1）互感现象和互感电动势

我们把由一个线圈中的电流发生变化而在另一线圈中产生电磁感应的现象称为互感现象，简称互感。

由互感产生的感应电动势称为互感电动势，用 e_M 表示。

设两个靠得很近的线圈，当第一个线圈的电流 i_1 发生变化时，将在第二个线圈中产生互感电动势 e_{M2}，根据电磁感应定律，可得：

$$e_{M2} = \frac{\Delta \Psi_{21}}{\Delta t}$$

设两线圈的互感系数 M 为常数，将 $\Psi_{21} = Mi_1$ 代入上式，得：

$$e_{M2} = \frac{\Delta (Mi_1)}{\Delta t} = M \frac{\Delta i_1}{\Delta t}$$

同理，当第二个线圈中电流 i_2 发生变化时，在第一个线圈中产生互感电动势 e_{M1} 为

$$e_{M1} = M \frac{\Delta i_2}{\Delta t}$$

式中：M 称为互感系数，简称互感，单位和自感一样，也是亨（H）。

上式说明，线圈中的互感电动势，与互感系数和另一线圈中电流的变化率的乘积成正比。

互感电动势的方向，可用楞次定律来判断。

互感现象在电工和电子技术中应用非常广泛，如电源变压器，电流互感器、电压互感器和中周变压器等都是根据互感原理工作的。

（2）互感线圈的同名端

我们把由于线圈绕向一致而产生感应电动势的极性始终保持一致的端子称为线圈的同名端，用"·"或"*"表示。

SA 闭合瞬间，A 线圈有电流 i 从 1 端流进，根据楞次定律，在 A 线圈两端产生自感电动势，极性为左正、右负。利用同名端方法可确定 B 线圈的 4 端和 C 线圈的 5 端皆为互感电动势的正端，如图 4-4-1 所示。

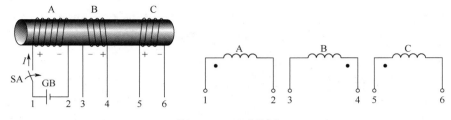

图 4-4-1　互感线圈

2. 变压器的发明

变压器是根据电磁感应定律，将交流电变换为同频率、不同电压交流电的非旋转式电机。因此，变压器是随着电磁感应现象的发现而诞生，经过许多科学家不断完善、改进而形成的。法拉第发现了电磁感应原理，这就为电动机和发电机的制造奠定了理论和实验基础，1829 年，亨利改进电磁铁，他用绝缘导线密绕在铁芯上，制成了能提起近一吨重物的强电磁铁。同年，亨利在用实验证明不同长度的导线对电磁铁的提升举力的影响时，发现了电流的自感现象——断开通有电流的长导线可以产生明亮的火花。1832 年，他在发表的论文中宣布发现自感现象。1835 年 1 月，亨利向美国哲学会介绍了他的研究结果，他用 14 个实验定性地确定了各种形状导体的电感的相对大小。他还发现了变压器工作的基本定律。

四、任务实施

1. 器材准备

要完成本学习任务需要准备如图 4-4-2～图 4-4-5 所示的器材：

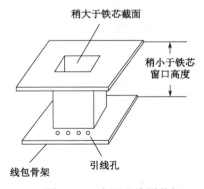

图 4-4-2　变压器线圈骨架

图 4-4-3　小型变压器铁芯

图 4-4-4　$\phi 0.13$、$\phi 0.2$ 漆包线

图 4-4-5　绝缘纸

2. 操作步骤

（1）选择小型变压器学生专用实习套件一套。含 I 字、E 字硅钢片铁芯变压器线圈骨架、变压器外壳。

（2）小型变压器线圈匝/V 数值的确定。按经验值为 6～10 选择即可。

（3）确定变压器线圈匝数

现以线圈 10 匝/V 确定变压器初级线圈匝数为：220×10=2200T。变压器次级输出电压为 24V、12V、9V、6.3V，按线圈 10 匝/V，次级绕组依次为 240 匝、120 匝、90 匝、63 匝（可分组完成）。如果按以上线圈匝数可能导致线圈匝数太多难以全部放进线圈骨架内，建议减少线圈匝/V 数值。

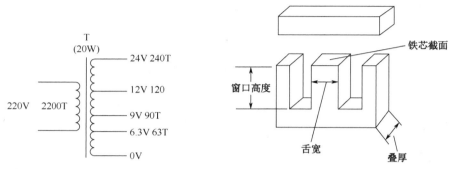

（4）线径选择

一般散热条件漆包线取电流密度 3～3.5A/mm² （线径），初级线圈匝数多、电流小、线径小，若选择线径过大的漆包线则很难把 2200 匝全部放进变压器骨架内，建议选用线径为 ϕ0.13 漆包线；次级线圈电压低、匝数小、电流大、线径粗，若选择线径过小的漆包线则很容易把绕组烧坏，建议选用线径 ϕ0.2 的漆包线。

（5）把 ϕ0.13 漆包线绕变压器线圈骨架上，绕 2200 匝便得到初级线圈。引出线从变压器线圈骨架的引线孔引出，缠上一层绝缘纸，如图 4-4-6～图 4-4-8 所示。

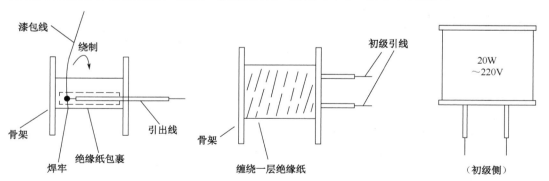

图 4-4-6　初级引出线示意图　　图 4-4-7　初级线圈缠绕绝缘纸示意图　图 4-4-8　绕制好的初级线圈图

（6）把 ϕ0.2 漆包线绕变压器线圈骨架上，依次绕 63 匝、90 匝、120 匝、240 匝便得到次级线圈，中间抽头从变压器线圈骨架的引线孔引出，不要把线剪断，绕完最后一组后缠上一层绝缘纸，在各引出端标出相应的电压，如图 4-4-9、图 4-4-10 所示。

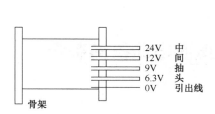

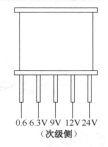

图 4-4-9　次级引出线示意图　　　图 4-4-10　绕制好的初次级线圈

（7）嵌入硅钢片铁芯。采用交替插装法，即将 E 形铁芯上下交错插入变压器线圈骨架内，所有 E 形铁芯插装完后再插入相应 I 形铁芯，具体操作如图 4-4-11 和图 4-4-12 所示。

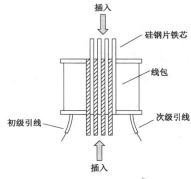

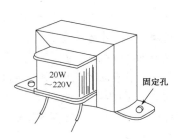

图 4-4-11　嵌入硅钢片铁芯示意图　　　图 4-4-12　绕制好的变压器样品

（8）在铁芯外装上铁皮外壳变压器便制作好了。再经过浸漆、烘干就可以使用了。

3. 制作过程中应该注意的问题

（1）漆包线线径不能过粗，否则漆包线放不进变压器线圈骨架内。

（2）线圈匝/V 数值和绕到电磁铁铁芯上的漆包线匝数不能太少，否则电阻小，电流大，变压器通电会过热甚至烧坏。如果线圈匝/V 和绕到电磁铁铁芯上的漆包线匝数太多则成本高，漆包线有可能放不进变压器线圈骨架内。

（3）嵌入硅钢片铁芯以嵌满线圈骨架为原则，铁芯插装完后应严实无松动。否则变压器噪音大。

（4）通电调试中发现线圈和铁芯过热应立即停止通电，进行原因分析并修复。

4. 通电调试

小型变压器调试运行记录表

序　号	测试内容	运行参数参考值	实测值	结　论
1	输入电压	220V		□合格 □不合格
2	输出电压	24V		
3	输出电压	12V		
4	输出电压	9V		
5	输出电压	6.3V		

任务 **5** 简易直流电动机的制作

一、任务介绍

制作一个简易小型直流电动机，用 9V 层叠电池或 12V 直流稳压电源通电后能正常运行。要求电动机转子轴向位移小，运行平稳，噪声小。

二、任务分析

制作一个简易小型直流电动机方法很多材料各异，在制作一个小型直流电动机之前我们必须解决 3 个问题：① 小型直流电动机定子的制作。电动机定子可采用磁性较强的永久磁铁如喇叭磁铁，也可以采用任务 2 中制作的电磁铁，如果磁场不够强可加大线圈匝数。② 小型直流电动机转子的制作，可用漆包线自己绕制，注意线圈不能太重，转轴不能太大，两端要同心平直。③ 换向器的制作。可采用转轴的一端刮掉绝缘漆，另一端刮掉一半绝缘漆的方法制作而成。学生可通过百度搜索"简易小型直流电动机制作"进行自主学习。

三、知识导航

1. 磁场对通电线圈的作用

磁场对通电矩形线圈的作用是电动机旋转的基本原理。在均匀磁场中放入一个线圈，当给线圈通入电流时，它就会在电磁力的作用下旋转起来。

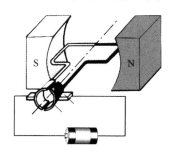

图 4-5-1 磁场对通电线圈的作用

当线圈平面与磁感线平行时，线圈在 N 极一侧的部分所受电磁力向下，在 S 极一侧的部分所受电磁力向上，线圈按顺时针方向转动，这时线圈所产生的转矩最大。当线圈平面与磁感线垂直时，电磁转矩为零，但线圈仍靠惯性继续转动。通过换向器的作用，与电源负极相连的电刷 A 始终与转到 N 极一侧的导线相连，电流方向恒为由 A 流出线圈；与电源正极相连的电刷 B 始终与转到 S 极一侧的导线相连，电流方向恒为由 B 流入线圈。因此，线圈始终能按顺时针方向连续旋转。

2. 磁路

磁通所通过的路径称为磁路。

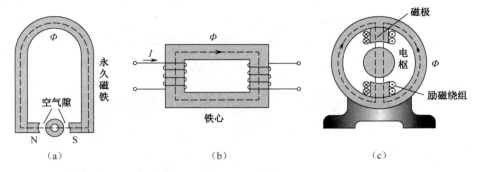

图 4-5-2　磁路

磁路可分为无分支磁路和有分支磁路。如图 4-5-2 中（a）和（b）所示为无分支磁路，（c）为有分支磁路。磁路中除铁心外，往往还有一小段非铁磁材料，例如空气间隙等。

由于磁感线是连续的，所以通过无分支磁路各处横截面的磁通是相等的。与电路比较，磁路的漏磁现象要比电路的漏电现象严重得多。全部在磁路内部闭合的磁通称主磁通，部分经过磁路周围物质而自成回路的磁通称为漏磁通。在漏磁不严重的情况下可将其忽略，只考虑主磁通，如图 4-5-3 所示。

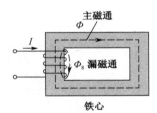

图 4-5-3　主磁通和漏磁通示意图

3. 磁路欧姆定律

1）磁动势

通电线圈的匝数越多，电流越大，磁场越强，磁通也就越多。我们把通过线圈的电流 I 和线圈匝数 N 的乘积称为磁动势，用 E_m 表示，即

$$E_m = NI$$

磁动势的单位是 A。

2）磁阻

磁通通过磁路时所受到的阻碍作用称为磁阻，用符号 R_m 表示。其公式为 $R_m = \dfrac{l}{\mu S}$。

式中 μ、l、S 的单位分别为 H/m、m、m^2。

3）磁路欧姆定律

通过磁路的磁通与磁动势成正比，而与磁阻成反比，可用磁路欧姆定律来表示，即：

$$\Phi = \frac{E_m}{R_m} \text{ 其中 } R_m = \frac{l}{\mu S}$$

上式与电路的欧姆定律相似，故称磁路欧姆定律。

由于铁磁材料磁导率的非线性，磁阻 R_m 不是常数，所以磁路欧姆定律只能对磁路作定性分析。

4. 电动机的发明

1821 年英国科学家法拉第首先证明可以把电力转变为旋转运动，最先制成第一台电动机的雏形。1834 德国的雅可比最先发明直流发动机，但这种电动机用电池作电源，成本太大、不实用，都没有多大商业价值。

1870 年比利时工程师格拉姆发明了直流发电机，在设计上，直流发电机和电动机很相似。后来，格拉姆证明向直流发动机输入电流，其转子会像电动机一样旋转。于是，这种格拉姆型电动机大量制造出来，效率也不断提高。与此同时，德国的西门子制造出了更好的发电机，并着手研究由电动机驱动的车辆，于是西门子公司制成了世界电车。

1888 年南斯拉夫出生的美国发明家特斯拉发明了交流电动机。它是根据电磁感应原理制成，又称感应电动机，这种电动机结构简单，使用交流电，无须整流，无火花，因此被广泛应用于工业的家庭电器中，交流电动机通常用三相交流供电。

四、任务实施

本学习任务先让学生观看小型直流电动机制作视频后，学生可各自搜集简易小型直流电动机制作方法，小组讨论简易小型直流电动机制作方案，获取小型直流电动机制作的相关技术参数，主动探究知识。小型直流电动机转子制作是本课的难点，线圈匝数、重量、平衡、转轴大小、承重、同心、平直等问题都需要妥善解决。展示小组制作的简易小型直流电动机，同时汇报搜集到的相关资料及学习心得。

1. 器材准备

要完成本学习任务需要以下器材。

回形针、ϕ0.2 漆包线、ϕ0.4 漆包线、喇叭磁铁、9V 电池，12V 直流稳压电源。

2. 操作步骤

（1）用强磁铁作电动机定子，若没有强磁铁则自己做一个电磁铁。

（2）用回形针（或 2.5 导线）ϕ0.4 漆包线支架并用木螺钉固定在木板上。

（3）用 ϕ0.4 漆包线缠绕电动机转轴。

（4）用 ϕ0.2 漆包线绕制一个 25～30 匝 20×35 的长方形线圈作为转子，如图 4-5-4 所示。

（5）把电动机转轴安装到线圈转子中。

（6）转轴超出线圈边缘部分一端刮掉全部绝缘漆，另一端刮掉一半绝缘漆。

（7）把线圈两端的引出线分别用电烙铁焊到转轴上，电动机的转子和换向器就制作好了，成品如图 4-5-5 所示。

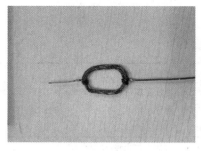

图 4-5-4　转子

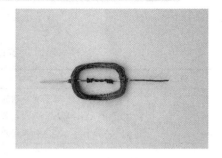

图 4-5-5　电动机的转子和换向器

（8）把制作好的转子放到已安装好的支架上，简易直流电动机就制作好了。

3．制作过程中应该注意的问题。

（1）线圈匝数要适当，太多增加自重，太少动力不足。

（2）转轴不能太大或太小，太大增加自重，太小支承力不足。

（3）转轴的一端全部刮掉绝缘漆，另一端刮掉一半绝缘漆，不能刮太少或太多。

（4）转轴两端要同心在一条直线上，转轴与线圈要在同一平面上电动机转动才平稳。

（5）磁铁的磁性要足够强，否则动力不足电机不能转动。

4．通电调试

接入 9V 电池，通电后观察小型直流电动机运行情况，并做好相应记录。

小型直流电动机调试运行记录表

序号	运行情况	原因分析	检修方法
1	不运转		
2	时转时不转		
3	运转轴向偏移		
4	运转过快（转子飞出支架）		
5	正常	参数记录：	

项目评价

1．每组选派一名代表以 PPT、录像或影片的形式向全班展示、汇报学习成果。

2．在每位代表展示结束后，其他每组选派一名代表进行简要点评。

学生代表点评记录：

3．项目评价内容。

项目评价表

评价内容	学习任务	配分	评分标准	得分
专业能力	任务 1 简易指南针的制作	10	完成任务，功能正常得 5 分；方法步骤正确，动作准确得 2 分；符合操作规程，人员设备安全得 2 分；遵守纪律，积极合作，工位整洁得 1 分。损坏设备和零件此题不得分	
	任务 2 电磁铁的制作	10	完成任务，功能正常得 5 分；方法步骤正确，动作准确得 2 分；符合操作规程，人员设备安全得 2 分；遵守纪律，积极合作，工位整洁得 1 分。损坏设备和零件此题不得分	
	任务 3 简易发电机的制作	20	完成任务，功能正常得 12 分；方法步骤正确，动作准确得 3 分；符合操作规程，人员设备安全得 3 分；遵守纪律，积极合作，工位整洁得 2 分。损坏设备和零件此题不得分	
	任务 4 简易变压器的制作	20	完成任务，功能正常得 12 分；方法步骤正确，动作准确得 3 分；符合操作规程，人员设备安全得 3 分；遵守纪律，积极合作，工位整洁得 2 分。损坏设备和零件此题不得分。	
	任务 5 简易直流电动机的制作	20	完成任务，功能正常得 12 分；方法步骤正确，动作准确得 3 分；符合操作规程，人员设备安全得 3 分；遵守纪律，积极合作，工位整洁得 2 分。损坏设备和零件此题不得分	
方法能力	任务 1～6 整个工作过程	10	信息收集和筛选能力、制订工作计划、独立决策、自我评价和接受他人评价的承受能力、测量方法、计算机应用能力。根据任务 1～6 工作过程表现评分	
社会能力	任务 1～6 整个工作过程	10	团队协作能力、沟通能力、对环境的适应能力、心理承受能力。根据任务 1～6 工作过程表现评分	
总得分				

4．指导老师总结与点评记录：

5．学习总结：

思考与练习

一、填空题

1．某些物体能够能够吸引铁、镍、钴等物质的性质称为＿＿＿＿＿＿＿。具有＿＿＿＿＿＿＿＿＿＿＿的物体称为磁体，磁体分为＿＿＿＿＿＿＿＿＿和＿＿＿＿＿＿＿＿两大类。

2．磁体两端＿＿＿＿＿＿＿＿＿＿＿＿的部分称为磁极。当两个磁极靠近时，它们之间也会产生相互作用力，即同名磁极相互＿＿＿＿＿＿＿＿，异名磁极相互＿＿＿＿＿＿＿＿＿。

3．缝衣针原来没有磁性，它跟磁铁摩擦后就具有了磁性，这种使原来不具有磁性的物质获得磁性的过程就叫＿＿＿＿＿＿＿，只有＿＿＿＿＿＿＿物质才能被磁化。

4．当一个线圈的结构、形状、匝数都已确定时，铁磁物质的磁感应强度 B 随＿＿＿＿＿＿变化的规律叫磁化特性。

5．磁感线上任意一点的磁场方向，就是放在该点的磁针＿＿＿＿＿＿极所指的方向。

6．人们把＿＿＿＿＿＿＿的周围存在磁场的现象称为电流的磁效应。

7．电流所产生的磁场方向可用＿＿＿＿＿＿＿＿＿＿来判断。

8．描述磁场在空间某一范围内分布情况的物理量称为＿＿＿＿＿＿＿＿，用符号＿＿＿＿＿表示，单位为＿＿＿＿＿＿＿＿＿＿。

9．磁场产生电流的现象称为＿＿＿＿＿＿＿现象，俗称"动磁生电"。产生的电流称为＿＿＿＿＿＿＿，产生的电动势称为＿＿＿＿＿＿＿。发电机就是应用＿＿＿＿＿＿＿原理发电的。

10．电动机是应用＿＿＿＿＿＿＿原理进行工作的。变压器是应用＿＿＿＿＿＿＿原理进行工作的。

二、判断题

1．指南针是应用电磁感应原理进行工作的。 （ ）

2．磁通是指穿过某一截面积的磁感线数。 （ ）

3．发电机发出的电动势是感应电动势。 （ ）

4．通电线圈插入铁心后，它所产生的磁通大大增加。 （ ）

5．自感电动势的大小与线圈的电流变化率成正比。 （ ）

6．铁磁物质的磁导率为一常数。 （ ）

7．软磁性材料常被做成电机、变压器、电磁铁的铁心。 （ ）

8. 当磁通发生变化时，导线或线圈中就会有感应电流产生。　　　　（　　）

9. 通过线圈中的磁通越大，产生的感应电动势就越大。　　　　　　（　　）

10. 感应电流产生的磁通总是与原磁通的方向相反。　　　　　　　　（　　）

三、选择题

1. 把垂直穿过磁场中某一截面的磁力线条数叫作（　　　）。
   A．磁通或磁通量　B．磁感应强度　　　C．磁导率　　　　D．磁场强度

2. 在条形磁铁中，磁性最强的部位在（　　　）。
   A．中间　　　　　B．两极　　　　　　C．整体　　　　　D．无法确定

3. 穿越线圈回路的磁通发生变化时，线圈两端就产生（　　　）。
   A．电磁感应　　　B．感应电动势　　　C．磁场　　　　　D．电磁感应强度

4. 用右手握住通电导体，让拇指指向电流方向，则弯曲四指的指向就是（　　　）。
   A．磁感应　　　　B．磁力线　　　　　C．磁通　　　　　D．磁场方向

5. 白炽灯的工作原理是（　　　）。
   A．电流的磁效应　B．电磁感应　　　　C．电流的热效应　D．电流的光效应

6. 磁场强度的方向和所在点的（　　　）的方向一致。
   A．磁通或磁通量　B．磁导率　　　　　C．磁场强度　　　D．磁感应强度

7. 电磁系测量仪表的铁心，应选用（　　　）类型的磁性材料。
   A．软磁　　　　　B．硬磁　　　　　　C．特殊用途　　　D．铁氧体

8. 磁变电的现象最初是由科学家（　　　）发现的。
   A．奥斯特　　　　B．楞次　　　　　　C．法拉第　　　　D．安培

9. 变化的磁场能够在导体中产生感应电动势，这种现象叫（　　　）。
   A．电磁感应　　　B．电磁感应强度　　C．磁导率　　　　D．磁场强度

10. 判断电流产生磁场的方向是用（　　　）。
    A．右手定则　　　B．左手定则　　　　C．安培定则　　　D．楞次定则

单相交流电路

项目描述

在交流电发明前，人们使用的电能都是直流电能，直流电有一个很大的缺点就是不便于远程输送。斯泰因梅茨认为，这个问题可以通过改用交流电的方法来解决，即让电流在导线里来回流动，先朝一个方向，然后再朝另一个方向，最后这个方法取得圆满成功。交流电是指大小和方向都发生周期性变化的电，称为交变电流或简称交流电（简写 AC），周期电流在指一个周期内的运行平均值为零。交流电与直流电（简写 DC）的根本区别是：直流电的大小和方向都不随时间的变化而变化。交流电被广泛运用于电力的传输、生产、交通及生活当中。

学习任务

任务 1　用示波器观测单相交流电
任务 2　照明电路的安装
任务 3　纯电感电路的连接
任务 4　纯电容分频器的安装
任务 5　单相交流电电流的测量
任务 6　单相交流电机的连接

学习目标

1. 知识目标
（1）了解正弦交流电的产生和特点。
（2）理解正弦交流电的有效值、频率、初相位及相位差的概念。
（3）掌握纯电阻正弦交流电路中电压与电流的计算。
（4）掌握电容"隔直流、通交流、阻低频、通高频"的特性。
（5）掌握电感"通直流、阻交流、通低频、阻高频"的特性。

2. 能力目标
（1）学会用示波器观测单相交流电。
（2）学会简单照明电路的安装。
（3）学会单相交流电电流的测量。
（4）学会单相交流电机的连接。

3．情感目标

（1）形成良好的学习方法和学习习惯。

（2）形成求实的科学态度。

（3）形成乐观的生活态度。

（4）形成宽容的人生态度。

（5）给他人合理化的建议。

（6）培养自信、顽强和合作精神

学习工具

计算机、智能手机、磁铁、国家资源库、漆包线、绝缘纸、电池。

学习方法

行动导向学习法、讨论学习法、合作学习法、自由作业法、4 阶段学习法、任务驱动学习法、比较学习法、听讲学习法、跟踪学习法、探索式学习法。

课时安排

建议 24 个学时。

任务 1 用示波器观测单相交流电

一、任务介绍

单相交流电指电路中只有单一的交流电压，且电路中的电流和电压都以一定的频率随时间变化。如何能看得到这种变化交流电压呢？下面请同学们根据老师的要求，选择合适的仪器观看交流电如何随时间变化及其变化规律。

二、任务分析

示波器是一种用途十分广泛的电子测量仪器。它能把肉眼看不见的电信号变换成看得见的图像，便于人们研究各种电现象的变化过程。本学习任务利用示波器能观察各种不同信号幅度随时间变化的波形曲线，用它测试各种不同的电量等。示波器是较复杂的仪器，其开关按钮很多，在使用过程中应首先学习关键按钮的使用方法。学生可通过网络搜索相关资料进行自主学习，分组观测交流电。

三、知识导航

（一）交流电的概念

交流电与直流电的根本区别是：直流电的大小和方向不随时间的变化而变化，交流电的大小和方向则随时间的变化而变化。由一根火线 L 与一根零线 N 所组成的交变电源称为单相交流电源。如图 5-1-1 所示。

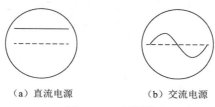

（a）直流电源　　　　（b）交流电源

图 5-1-1　电源图

（1）稳恒直流电：电压的大小和方向都不随时间而变化，如图 5-1-2 所示。

（2）正弦交流电：电流的大小和方向按正弦规律变化，如图 5-1-3 所示。

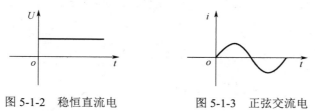

图 5-1-2　稳恒直流电　　　　　　图 5-1-3　正弦交流电

（3）非正弦交流电：一系列正弦交流电叠加合成的结果，如图 5-1-4 所示。

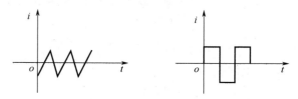

图 5-1-4　非正弦交流电

（二）正弦交流电的产生

交流电可以由交流发电机提供，也可由振荡器产生。交流发电机主要是提供电能，振荡器主要是产生各种交流信号。正弦交流电的产生过程如图 5-1-5 所示。

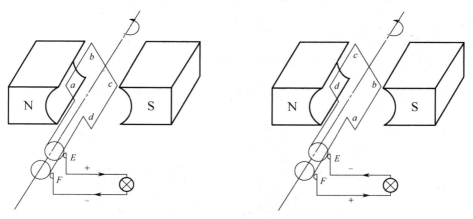

图 5-1-5　正弦交流电的产生过程

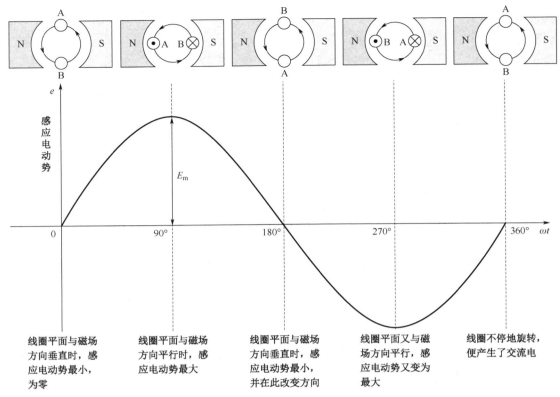

线圈平面与磁场方向垂直时，感应电动势最小，为零

线圈平面与磁场方向平行时，感应电动势最大

线圈平面与磁场方向垂直时，感应电动势最小，并在此改变方向

线圈平面又与磁场方向平行，感应电动势又变为最大

线圈不停地旋转，便产生了交流电

图 5-1-5　正弦交流电的产生过程（续）

整个线圈所产生的感应电动势为：

$$e = 2Blv\sin\omega t$$

$2Blv$ 为感应电动势的最大值，设为 E_m，则：

$$e = E_m \sin\omega t$$

上式称为正弦交流电动势的瞬时值表达式，也称解析式。

正弦交流电压、电流等表达式与此相似。

若从线圈平面与中性面成一夹角开始计时，则：

$$e = E_m \sin(\omega t + \varphi_0)$$

正弦交流电压、电流等表达式与此相似。

（三）正弦交流电的周期、频率和角频率

正弦交流电的主要参数有周期、频率和角频率三个，其波形图如图 5-1-6 所示。

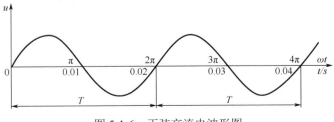

图 5-1-6　正弦交流电波形图

周期：交流电每重复变化一次所需的时间，用符号 T 表示，单位是 s。

频率：交流电在 1 秒内重复变化的次数，用符号 f 表示，单位是 Hz。

周期和频率互为倒数，即：

$$f = \frac{1}{T} \text{ 或 } T = \frac{1}{f}$$

角频率：正弦交流电 1 秒内变化的电角度，用符号 ω 表示，单位是 rad/s

角频率与周期、频率的关系为：

$$\omega = \frac{2\pi}{T} = 2\pi f$$

（四）正弦交流电的最大值、有效值和平均值

最大值：正弦交流电在一个周期所能达到的最大瞬时值，又称峰值、幅值。最大值用大写字母加下标 m 表示，如 E_{m}、U_{m}、I_{m}。

有效值：加在同样阻值的电阻上，在相同的时间内产生与交流电作用下相等热量的直流电大小。有效值用大写字母表示，如 E、U、I。

正弦交流电的有效值和最大值之间有如下关系为：

$$有效值 = \frac{1}{\sqrt{2}} \times 最大值 \approx 0.707 \times 最大值$$

平均值：由于正弦量取一个周期时平均值为零，所以取半个周期的平均值为正弦量的平均值。

正弦电动势、电压和电流的平均值分别用符号 E_{p}、U_{p}、I_{p} 表示。

平均值与最大值之间的关系如图 5-1-7 所示，公式为：

$$E_{\mathrm{P}} = \frac{2}{\pi} E_{\mathrm{m}} \qquad U_{\mathrm{P}} = \frac{2}{\pi} U_{\mathrm{m}} \qquad I_{\mathrm{p}} = \frac{2}{\pi} I_{\mathrm{m}}$$

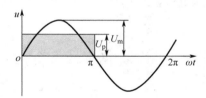

图 5-1-7　正弦交流电平均值与最大值之间的关系示意图

有效值与平均值之间的关系公式是：

$$E = \frac{\pi}{\sqrt{2}} E_{\mathrm{P}} \approx 1.1 E_{\mathrm{P}} \; ; \quad U = \frac{\pi}{2\sqrt{2}} U_{\mathrm{P}} \approx 1.1 U_{\mathrm{P}} \; ; \quad I = \frac{\pi}{2\sqrt{2}} I_{\mathrm{P}} \approx 1.1 I_{\mathrm{P}}$$

（五）正弦交流电的相位

在式 $e = E_{\mathrm{m}} \sin(\omega t + \varphi_0)$ 中，表示在任意时刻线圈平面与中性面所成的角度，这个角度称为相位角，也称相位或相角，它反映了交流电变化进程。其中，当正弦量 $t=0$ 时的相位，称为初相位，也称初相角或初相。

两个同频率交流电的相位之差称为相位差，用符号 φ 表示，即：

$$\varphi = (\omega t + \varphi_1) - (\omega t + \varphi_2) = \varphi_1 - \varphi_2$$

两个同频率交流电的相位差就等于它们的初相之差；它们常见的关系有：超前、滞后、同相、反相及正交等。如图 5-1-8 所示，请把 e_1 与 e_2 的关系填上。

正弦交流电的最大值反映了正弦量的变化范围，角频率反映了正弦量的变化快慢，初相位反映了正弦量的起始状态。最大值、角频率和初相位称为正弦交流电的三要素。

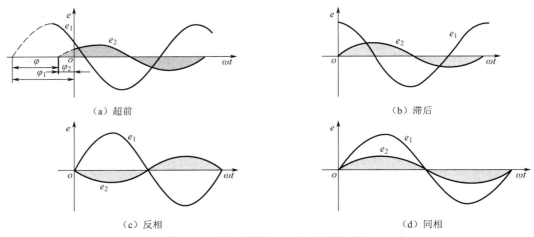

（a）超前　　　　　　　　　　　　　　　　（b）滞后

（c）反相　　　　　　　　　　　　　　　　（d）同相

图 5-1-8　两个同频率交流电的相位关系

（六）示波器

示波器虽然分成好几类，各类又有许多种型号，但是一般的示波器除频带宽度、输入灵敏度等不完全相同外，基本的使用方法方面都是相同的。本章以 GOS-620 型双踪示波器为例进行介绍，其外形如图 5-1-9 所示。

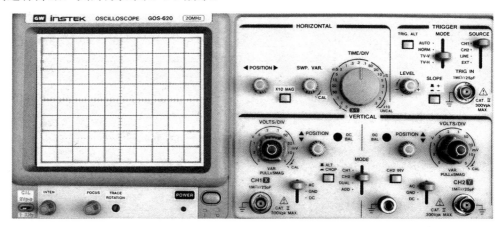

图 5-1-9　双综示波器的外形图

GOS-620 型示波器面板如图 5-1-9 所示。

（1）CRT：显示屏。

（2）INTEN：轨迹及光点亮度控制钮。

（3）FOCUS：轨迹聚焦调整钮。

（4）TRACE ROTATION：使水平轨迹与刻度线成平行的调整钮。

（5）POWER：电源主开关，压下此钮可接通电源，电源指示灯会发亮；再按一次开关凸起时则切断电源。

（6）FILTER：滤光镜片，可使波形易于观察。

（7）VERTICAL：垂直偏向。

（8）VOLTS/DIV：垂直衰减，选择 CH1 及 CH2 的输入信号衰减幅度，范围为 5mV/DIV5V/DIV，共 10 挡。

（9）AC-GND-DC：输入信号耦合选择按键组。

（10）AC：垂直输入信号电容耦合，截止直流或极低频信号输入。

（11）GND：按下此键则隔离信号输入，并将垂直衰减器输入端接地，使之产生一个零电压参考信号。

（12）DC：垂直输入信号直流耦合，AC 与 DC 信号一齐输入放大器。

（13）CH1(X)输入：CH1 的垂直输入端，在 X-Y 模式中，为 X 轴的信号输入端。

（14）VARIABLE：灵敏度微调控制，至少可调到显示值的 1/2.5。在"CAL"位置时，灵敏度即为挡位显示值。当此旋钮拉出时（×5 MAG 状态），垂直放大器灵敏度增加 5 倍。

（15）CH2(Y)输入：CH2 的垂直输入端，在 X-Y 模式中，为 Y 轴的信号输入端。

（16）POSITION：轨迹及光点的垂直位置调整钮。

（17）VERT MODE：CH1 及 CH2 选择垂直操作模式。

（18）CH1：设定本示波器以 CH1 单一频道方式工作。

（19）CH2：设定本示波器以 CH2 单一频道方式工作。

（20）DUAL：设定本示波器以 CH1 及 CH2 双频道方式工作，此时并可切换 ALT/CHOP 模式来显示两轨迹。

（21）ADD：用以显示 CH1 及 CH2 的相加信号；当"CH2 INV"键为压下状态时，即可显示 CH1 及 CH2 的相减信号。

（22）DC BAL.：调整垂直直流平衡点，详细调整步骤请参照 4-11 DC BAL 的调整。

（23）ALT/CHOP：当在双轨迹模式下，放开此键，则 CH1&CH2 以交替方式显示。（一般使用于较快速的水平扫描文件位）当在双轨迹模式下，按下此键，则 CH1&CH2 以切割方式显示。（一般使用于较慢速的水平扫描文件位）

（24）CH2 INV：此键按下时，CH2 的讯号将会被反向。CH2 输入讯号于"ADD"模式时，CH2 触发截选信号（Trigger Signal Pickoff）亦会被反向。

（25）RIGGER：触发。

（26）SLOPE：触发斜率选择键。

（27）+：凸起时为正斜率触发，当信号正向通过触发准位时进行触发。

（28）-：压下时为负斜率触发，当信号负向通过触发准位时进行触发。

（29）EXT TRIG. IN："TRIG. IN"输入端子，可输入外部触发信号。欲用此端子时，须先将"SOURCE"选择器置于 EXT 位置。

（30）TRIG. ALT：触发源交替设定键，当"VERT MODE"选择器在"DUAL"或"ADD"位置，且"SOURCE"选择器置于 CH1 或 CH2 位置时，按下此键，本仪器即会自动设定 CH1 与 CH2 的输入信号以交替方式轮流作为内部触发信号源。

（31）SOURCE：内部触发源信号及外部"EXT TRIG. IN"输入信号选择器。

（32）CH1：当"VERT MODE"选择器在"DUAL"或"ADD"位置时，以 CH1 输入

端的信号作为内部触发源。

（33）CH2：当 VERT MODE 选择器在 DUAL 或 ADD 位置时，以 CH2 输入端的信号作为内部触发源。

（34）LINE：将 AC 电源线频率作为触发信号。

（35）EXT：将 TRIG．IN 端子输入的信号作为外部触发信号源。

（36）TRIGGER MODE：触发模式选择开关。

（37）AUTO：当没有触发信号或触发信号的频率小于 25Hz 时，扫描会自动产生。

（38）NORM：当没有触发信号时，扫描将处于预备状态，屏幕上不会显示任何轨迹。本功能主要用于观察 25Hz 的信号。

（39）TV-V：用于观测电视讯号的垂直画面讯号。

（40）TV-H：用于观测电视讯号的水平画面讯号。

（41）LEVEL：触发准位调整钮，旋转此钮以同步波形，并设定该波形的起始点。将旋钮向"＋"方向旋转，触发准位会向上移；将旋钮向"－"方向旋转，则触发准位向下移。

（42）TIME/DIV：扫描时间选择钮，扫描范围从 0.2S/DIV 到 0.5S/DIV 共 20 个挡位。

（43）X-Y：设定为 X-Y 模式。

（44）SWP．VAR：扫描时间的可变控制旋钮，若按下"SWP．UNCAL"键，并旋转此控制钮，扫描时间可延长至少为指示数值的 2.5 倍；该键若未压下，则指示数值将被校准。

（45）10 MAG：水平放大键，按下此键可将扫描放大 10 倍。

（46）POSITION：轨迹及光点的水平位置调整钮。

（47）CAL(2Vp-p)：此端子会输出一个"2Vp-p，1kHz"的方波，用以校正测试棒及检查垂直偏向的灵敏度。

（48）GND：本示波器接地端子。

四、任务实施

本学习任务在电气实训中心完成。任务具体实施步骤如下。

学习活动 1 | 认识示波器

1．通过网络资源查找，有哪些示波器。

示波器名称	型号	量程	参考价格	备注

2．通过小组查阅资料及讨论，GOS-620 型双踪示波器能否测量市电？

_____

_____

学习活动 2　示波器探棒校正

1．选用示波器。

_____

_____

2．使用示波器注意事项。

3．探棒可进行极大范围的衰减，因此，若没有适当的相位补偿，所显示的波形可能会失真而造成量测错误（图 5-1-10 所示）。因此，在使用探棒之前，依照下列步骤做好补偿。

（1）将探棒的"BNC"连接至示波器上 CH1 或 CH2 的输入端。（探棒上的开关置于"×10"位置）

（2）将"VOLTS/DIV"钮转至 50mV 位置。

（3）将探棒连接至校正电压输出端"CAL"。

（4）调整探棒上的补偿螺丝，直到"CRT"出现最佳、最平坦的方波为止。

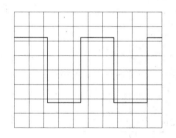　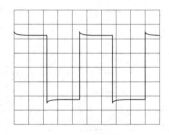　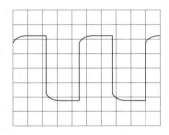

（a）正确补偿　　　　　（b）过度补偿　　　　　（c）补偿不足

图 5-1-10　示波器波形

4．"DC BAL"的调整

垂直轴衰减直流平衡的调整十分容易，其步骤如下：

（1）设定 CH1 及 CH2 之输入耦合开关至"GND"位置，然后设定"TRIG MODE"置于"AUTO"，利用"◀ POSITION ▶"将时基线位置调整到"CRT"中央。

（2）重复转动"VOLT/DIV 5mV～10mV/DIV"，并调整"DC BAL"直到时基线不再移动为止。

学习活动 3　使用示波器测量单相交流电

1. 器材准备（图 5-1-11）。

　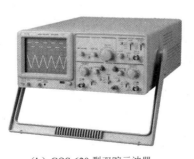　

（a）BX-100 控制变压器　　　　（b）GOS-620 型双踪示波器　　　　（c）MF47 型万用表

图 5-1-11　实验器材

2. 请在下表中填写使用示波器测量交流电前的注意事项。

3. 调节示波器端子，并填写下表。

项目	设定	项目	设定
POWER		SLOPE	
INTEN		TRIG. ALT	
FOCUS		TRIGGER MODE	
VERT MODE		TIME/DIV	
ALT/CHOP		SWP. VAR	
CH2 INV		◀ POSITION ▶	
POSITION ↕		×10 MAG	
VOLTS/DIV		AC-GND-DC	
VARIABLE		SOURCE	

4. 按照上表设定完成后，请插上电源插头，继续下列步骤。

（1）按下电源开关并确认电源指示灯亮起。约 20 秒后 CRT 显示屏上应会出现一条轨迹，若在 60 秒之后仍未有轨迹出现，请检查上列各项设定是否正确。

（2）转动"INTEN"及"FOCUS"钮，以调整出适当的轨迹亮度及聚焦。

（3）调"CH1 POSITION"钮及"TRACE ROTATION"钮，使轨迹与中央水平刻度线

平行。

（4）将探棒连接至 CH1 输入端，并将探棒接上 2Vp-p 校准信号端子。

（5）将"AC-GND-DC"置于"AC"位置，此时，CRT 上会显示如图 5-1-12 所示的波形。

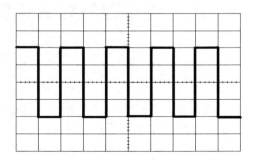

图 5-1-12　显示波形

（6）调整"FOCUS"钮，使轨迹更清晰。

（7）欲观察细微部分，可调整"VOLTS/DIV"及"TIME/DIV"钮，以显示更清晰的波形。

（8）调整"POSITION"及"POSITION"钮，以使波形与刻度线齐平，并使电压值（$V_{\text{p-p}}$）及周期（T）易于读取。

5. 在下表中填写示波器测交流电波形的步骤。

6. 把测量出的波形画在图 5-1-13 中。

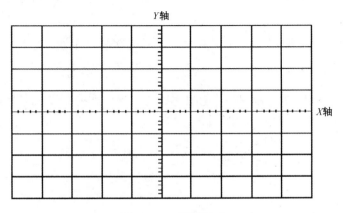

图 5-1-13　测量波形

7．计算

最大值＿＿＿＿＿＿＿＿＿＿＿＿＿＿频率＿＿＿＿＿＿＿＿＿＿＿＿相位角＿＿＿＿＿＿＿＿＿＿＿＿＿＿

任务 2   纯电阻电路的安装

一、任务介绍

白炽灯照明电路可近似于纯电阻电路，本学习任务是通过白炽灯照明电路的安装来研究纯电阻电路。你现在的任务是根据老师提供的材料制作一个实训台低压白炽灯。

二、任务分析

制作一个实训台低压白炽灯，我们要根据实训室的环境来设计，实训室设备多为金属台，属特殊场所，应使用 36V 安全特低电压照明。鼓励学生通过网络搜索相关资料进行自主学习。

三、知识导航

1．纯电阻电路

目前，道路照明用的照明器有高压钠灯、低压钠灯、无极灯、金卤灯、荧光灯等。白炽灯、高压汞灯、低压钠灯由于光源性能缺陷已逐渐被淘汰。照明器要合理使用光能，防止眩光。照明器发出的光线要沿要求的角度照射，落到路面上呈指定的图形，光线分布均匀，路面亮度大，且眩光小。为减少眩光，可在最大光强上方予以配光控制。

白炽灯、卤钨灯、电暖器、工业电阻炉等都可近似地看成是纯电阻电路。

在这些电路中，当外电压一定时，影响电流大小的主要因素是电阻 R，这样的纯电阻电路的电流与电压的相位关系如下。

设加在电阻两端的电压为：

$$u = U_m \sin \omega t$$

实验证明，在任一瞬间通过电阻的电流 i 仍可用欧姆定律计算，即：

$$i = \frac{u}{R} = \frac{U_m \sin \omega t}{R}$$

上式表明，在正弦电压的作用下，电阻中通过的电流也是一个同频率的正弦交流电流，且与加在电阻两端的电压同相位，如图 5-2-1 所示。

电流与电压的大小关系如下。

由上式可知，通过电阻的最大电流 I_m 为：

$$I_m = \frac{U_m}{R}$$

把上式两边同除以 $\sqrt{2}$，则得：

$$I = \frac{U}{R}$$

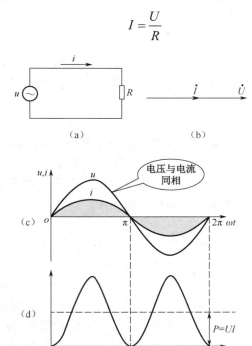

（a）　　　　　　　　　（b）

（c）

（d）

图 5-2-1　电压与电流相位示意图

这说明，在纯电阻电路中，电流与电压的瞬时值、最大值、有效值都符合欧姆定律。在任一瞬间，电阻中电流瞬时值与同一瞬间的电阻两端电压的瞬时值的乘积，称为电阻获取的瞬时功率，用 P_R 表示，即：

$$P_R = ui = \frac{U_m^2}{R} \sin^2 \omega t$$

由于电流和电压同相，所以 P 在任一瞬间的数值都大于或等于零，这说明电阻是一种耗能元件。

通常用电阻在交流电一个周期内消耗的功率的平均值来表示功率的大小，称为平均功率，又称有功功率，用 P 表示，单位仍是 W。

电压、电流用有效值表示时，平均功率 P 的计算与直流电路相同，即

$$P = UI = I^2 R = \frac{U^2}{R}$$

2. 照明方式与种类

照明方式可分为四种：一般照明；分区一般照明（为提高房间内某些特定工作区的照度而采用的照明方式）；局部照明；混合照明。

照明种类可分为六种：正常照明；应急照明（包括备用照明、疏散照明和安全照明）；值班照明；警卫照明；景观照明；障碍标志灯。

3．照明线路的敷设与照明灯具的安装

1）敷设方式

照明线路的敷设方式同电力线路一样，有明敷和暗敷两大类。明敷可分为瓷夹板、瓷瓶配线、钢索配线、塑料护套线配线等，主要采用塑料护套线配线；暗敷可分为穿金属管配线、穿硬塑料管配线等。

2）注意事项

照明灯具在安装中应该注意：灯具的安装必须牢固，当灯具质量超过 3kg 时，应将其固定在预埋的吊钩或螺栓上；固定灯具时，不可因灯具的自重，而使导线受到额外的张力；灯架及管内的导线不可有接头；导线在引入灯具处，不应受到应力与摩擦；必须接地和接零的金属外壳，应有专门的接地螺钉与接地线相连。

3）安装高度

一般的厂房、车间、住宅等应不低于 2.5m；在室外，应不低于 3m，装在路灯杆上的路灯，应不低于 4.5m；隧道照明灯，不宜低于 4m。

4）安装部位

正常照明与备用照明一般都装在顶棚上或墙面上；疏散照明安装在疏散出口的顶部或疏散通道及其转角处距地 1m 以下的墙面上，通道上的疏散指示灯的间距不宜大于 20m；航空障碍标志灯应安装在建筑物或构筑物的最高部位，而在烟囱上的航空障碍标志灯应安装在低于烟囱口 1.5～3m 的部位，并呈三角形水平排列。

4．照明开关和插座的安装

开关和插座的安装分为明装和暗装两种方式。

在安装扳把开关时，开关扳把向上是接通电路；向下是切断电路。

在安装开关时，接线孔的位置必须严格按规定排列：

（1）单相二孔插座垂直安装时，相线在上孔，零线在下孔；水平安装时，面对插座，相线在右孔，零线在左孔。

（2）单相三孔插座，面对插座，接地线在上孔，相线在右孔，零线在左孔。

（3）三相四眼插座，接地接零线在上孔。插座的接地线必须单独敷设，不允许在插座内与零线孔直接相连，不可与工作零线相互混用。

开关和插座的安装高度，按安装规范的规定为：

（1）拉线开关，一般为 2～3m；其他各种开关，一般为 1.3m；距门框为 0.15～0.2m，开关相邻间距一般不小于 20mm。

（2）插座，一般为 1.3m；在托儿所、幼儿园、小学和住宅不低于 1.8m；车间与试验的明、暗插座，一般不低于 0.3m；特殊场所可降为 0.15m。

明装开关、插座的底板和暗装开关、插座的面板，安装中允许的偏差为：并列安装时的高差不大于 0.5mm；同一场所的高差不大于 5mm；面板垂直度不大于 0.5mm。

5．下列特殊场所应使用安全特低电压照明器

（1）隧道，人防工程，高温、有导电灰尘、比较潮湿或灯具离地面高度低于 2.5m 等场所的照明，电源电压不应大于 36V。

（2）潮湿和易触及带电体场所的照明，电源电压不得大于 24V。

（3）特别潮湿场所、导电良好的地面、锅炉或金属容器内的照明，电源电压不得大于

12V。

6. 使用行灯应符合下列要求

（1）电源电压不大于 36V。

（2）灯体与手柄应坚固、绝缘良好并耐热、耐潮湿。

（3）灯头与灯体结合牢固，灯头无开关。

（4）灯泡外部有金属保护网。

（5）金属网、反光罩、悬吊挂钩固定在灯具的绝缘部位上。

（6）远离电源的小面积场地、道路照明、警卫照明或额定电压为 12～36V 照明的场所，其电压允许偏移值为额定电压值的-10%～5%；其余场所电压允许偏移值为额定电压值的 -5%～5%。

（7）照明变压器必须使用双绕组型安全隔离变压器，严禁使用自耦变压器。

（8）照明系统宜使三相负荷平衡，其中每一单相回路上，灯具和插座数量不宜超过 25 个，负荷电流不宜超过 15A。

（9）携带式变压器的一次侧电源线应采用橡皮护套或塑料护套铜芯软电缆，中间不得有接头，长度不宜超过 3m，其中绿/黄双色线只可作 PE 线使用，电源插销应有保护触头。

四、任务实施

白炽灯、卤钨灯、电暖器、工业电阻炉等都可近似地看成是纯电阻电路。本学习任务主要通过 36V 照明线路的安装来进行纯电阻电路的研究。本学习任务在电气实训中心完成。任务具体实施步骤如下。

学习活动1 交流 36V 照明线路设计

1. 通过查找网络资料，设计交流 36V 照明线路，按国标符号画出电路图。

2. 查找网络资料（或参考图 5-2-2～图 5-2-6），选择元件及导线，并填写在下表中。

元件名称	型号	参考价格	元件来源	备注

续表

元件名称	型号	参考价格	元件来源	备注

E27 螺纹接口

图 5-2-2　螺纹灯泡

图 5-2-3　螺纹灯座

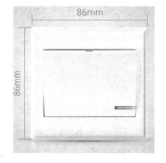

图 5-2-4　单联开关

图 5-2-5　BX-100 控制变压器

图 5-2-6　MF47 型万用表

学习活动 2　安装 36V 照明电路

1. 填写安装前注意事项（网上查找）

2. 填写安装步骤

3. 通电试验

几次试验后成功通电？

是否出现过短路？

通过安装线路有何收获？

学习活动 3 | **观察 36 V 照明电路中的交流电压与电流变化关系**

1. 按图 5-2-7 所示安装接线。

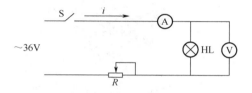

图 5-2-7　实验电路图

2. 调节可调电阻 R，用示波器观察电压表值与电流表值的变化是否符合图 5-2-8 所示变化性质。

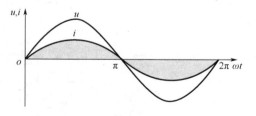

图 5-2-8　电压与电流波形示意图

任务 **3**　纯电感电路的安装

一、任务介绍

电子线路中的电子元件种类很多，线圈也是电子元件中的一种。那么线圈在电子线路中起什么作用呢？本学习任务就是制作电感线圈，连接 6 V 电源观察并分析电路工作状况。

二、任务分析

本学习任务的目的是能通过制作电感线圈认识电感在交流电路中的作用。在任务实施过程中，鼓励学生根据不同的材料及不同的圈数制作电感，连接到 6V 有电感元件和小灯的电路，观察小灯的变化情况从而分析纯电感电路中电压与电流的变化关系。

三、知识导航

1. 纯电感器件简介

线圈、变压器可近似地看成是纯电感器件。变压器由铁芯（或磁芯）和线圈组成，线圈有两个或两个以上的绕组，其中接电源的绕组叫初级线圈，其余的绕组叫次级线圈。它可以变换交流电压、电流和阻抗。最简单的铁芯变压器由一个软磁材料做成的铁芯及套在铁芯上的两个匝数不等的线圈构成，如图 5-3-1 所示。

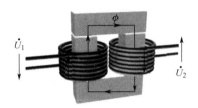

图 5-3-1　铁芯变压器

2. 电感对交流电的阻碍作用

根据图 5-3-2 所示，先接通 6V 直流电源，可以看到 HL1 和 HL2 亮度相同；再改接 6V 交流电源，发现灯泡 HL2 明显变暗。这表明电感线圈对直流电和交流电的阻碍作用是不同的。

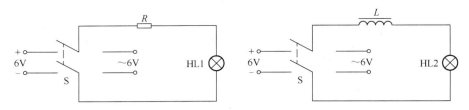

图 5-3-2　实验电路图

对于直流电，起阻碍作用的只是线圈的电阻；对于交流电，除了线圈的电阻外，电感也起阻碍作用。电感对交流电的阻碍作用称为感抗，用 X_L 表示。感抗的单位也是 Ω。

（1）线圈的自感系数越大，感抗就越大。

（2）交流电的频率越高，线圈的感抗也越大。

（3）感抗的计算公式为：

$$X_L = 2\pi f L = \omega L$$

电感对交流电的阻碍作用可以简单概括为：通直流，阻交流，通低频，阻高频。因此电感也被称为低通元件。

3. 电流与电压的关系

由电阻很小的电感线圈组成的交流电路，可以近似地看作是纯电感电路，如图 5-3-3 所示。

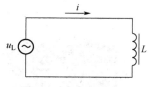

图 5-3-3　纯电感电路

纯电感电路欧姆定律的表达式：

$$I = \frac{U}{X_L}$$

感抗只是电压与电流最大值或有效值的比值，而不是电压与电流瞬时值的比值，即：

$$X_L \neq \frac{u}{i}$$

这是因为 u 和 i 的相位不同。电压比电流超前 90º，即电流比电压滞后 90º，如图 5-3-4 所示。

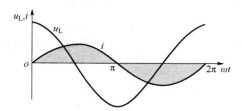

图 5-3-4　电压、电流相位波形图

4. 功率

瞬时功率在一个周期内，有时为正值，有时为负值。

瞬时功率为正值，说明电感从电源吸收能量转换为磁场能储存起来。

瞬时功率为负值，说明电感又将磁场能转换为电能返还给电源。

瞬时功率在一个周期内吸收的能量与释放的能量相等。也就是说纯电感电路不消耗能量，电感是一种储能元件。

通常用瞬时功率的最大值来反映电感与电源之间转换能量的规模，称为无功功率，用 Q_L 表示，单位名称是乏，符号为 Var，其计算式为：

$$Q_L = U_L I = I^2 X_L = \frac{U_L^2}{X_L}$$

无功功率并不是"无用功率"，"无功"两字的实质是指元件间发生了能量的互逆转换，而原件本身没有消耗电能。

实际上许多具有电感性质的电动机、变压器等设备都是根据电磁转换原理利用"无功功率"而工作的。

四、任务实施

本学习任务在电气实训中心完成。任务具体实施步骤如下。

1. 器材准备

可以参考图 5-3-5 准备器材。

（a）BX-100 控制变压器　　　　（b）MF-47 型万用表　　　　（c）电池

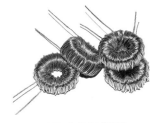 

（d）自作电感线圈　　　　　　　（e）6V 小灯

图 5-3-5　实验器材

2. 按图 5-3-6 所示电路接线

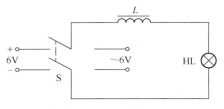

图 5-3-6　实验电路图

3. 操作步骤

（1）选材制作电感线圈。

（2）合理布置电子元件。

（3）加热电烙铁。

（4）根据电子线路原理图焊接好。

（5）接入直流 6V 电源调试时，在电感线圈两端接上直流电压表，并串入直流电流表；观察小灯亮度及电压、电流表的指针动作变化，分析电压与电流的变化关系。

（6）接入交流 6V 电源调试时，在电感线圈两端接上直流电压表，并串入直流电流表；

观察小灯亮度及电压、电流表的指针动作变化，分析电压与电流的变化关系。

（7）通过观察分析电感线圈电压与电流变化是否符合图 5-3-5 所示。

（8）接入不同的电感线圈观察小灯亮度及电压、电流表的指针动作变化，分析电压与电流与电感的变化关系。

任务 4　纯电容分频器的安装

一、任务介绍

电子线路中的电子元件品种繁多，电容也是其中之一。那么电容在电子线路中起什么作用呢？本工作任务是纯电容分频器的安装与调试，通过完成本工作任务可了解电容在电子线路中的作用，同时观察并分析电容与电压和电流之间的关系。

二、任务分析

本学习任务的目的是能了解电容，认识电容在电子线路中的应用。在任务实施过程中，鼓励学生使用参考书、电脑及智能手机查找电容相关资料。通过安装纯电容分频器，鼓励学生在安全范围内可更改分频电路的电容使不同频段的音频信号与喇叭相匹配，从而使喇叭发出动听悦耳的声音。

三、知识导航

1. 电容对直流电的阻碍作用

按图 5-4-1 所示电路连接，先把开关打到左边 6V 直流电源，可以看到 HL1 正常发光，HL2 瞬间微亮，随即熄灭。

再把开关打到右边接 6V 交流电源，发现两个灯泡都亮，但 HL1 比 HL2 亮得多。

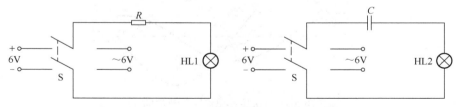

图 5-4-1　电容对直流电的阻碍作用电路图

电容器接入直流电路中，电容器两极板间的介质是绝缘的，电路稳定后相当于断路，因此直流不能通过；电容器接入交流电路时，交流电能"通过"电容器，同时电容器对交流电有阻碍作用。电容对交流电的阻碍作用称为容抗，用 X_C 表示，容抗的单位也是 Ω。

（1）电容器的电容量越大，容抗越小，即容抗与电容器电容成反比。

（2）交流电的频率越高，电容器的容抗越小，即容抗与频率成反比。

容抗的计算式为

$$X_{\mathrm{C}} = \frac{1}{\omega C} = \frac{1}{2\pi f C}$$

电容的容抗与频率的关系可以简单概括为：隔直流，通交流，阻低频，通高频。
因此电容也被称为高通元件。

实际应用：

隔直电容器——通交流、隔直流。

高频旁路电容器——通高频、阻低频。

2. 电流与电压的关系

把电容器接到交流电源上，如果电容器的电阻和分布电感可以忽略不计，可以把这种电路近似地看成是纯电容电路，如图 5-4-2 所示。

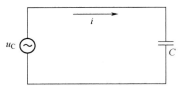

图 5-4-2　纯电容电路图

纯电容电路欧姆定律的表达式为：

$$I = \frac{U}{X_{\mathrm{C}}}$$

表达式中，容抗只是电压与电流最大值的比值。

在纯电容电路中，电流与电压成正比，与容抗成反比。

设电压 u_{C} 为参考正弦量，电流 i 的瞬时值表达式为：

$$i = C\frac{\Delta u_{\mathrm{C}}}{\Delta u}$$

纯电容电路中，电压比电流滞后 90º，即电流比电压超前 90º。如图 5-4-3 所示。

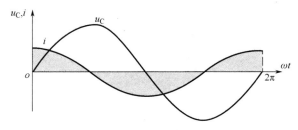

图 5-4-3　电压、电流相位波形图

3. 功率

电容也是储能元件。

瞬时功率为正值时，电容从电源吸收能量转换为电场能储存起来；瞬时功率为负值时，电容将电场能转换为电能返还给电源。纯电容电路不消耗功率，平均功率为零。

纯电容电路的无功功率为

$$Q_C = UI = I^2 X_C = \frac{U^2}{X_C}$$

四、任务实施

1. 器材准备

学生可用电脑或智能手机上网搜索相关资料或参考图 5-4-4 准备器材。

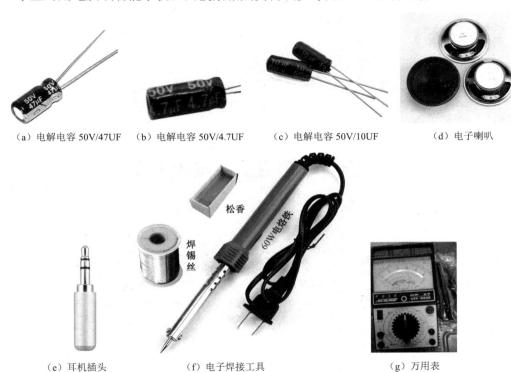

（a）电解电容 50V/47UF　　（b）电解电容 50V/4.7UF　　　（c）电解电容 50V/10UF　　　　（d）电子喇叭

（e）耳机插头　　　　　（f）电子焊接工具　　　　　（g）万用表

图 5-4-4　实验器材

2. 根据图 5-4-5 所示实验电路原理图进行焊接

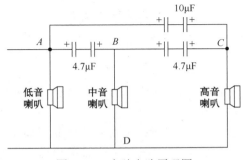

图 5-4-5　实验电路原理图

3. 操作步骤

（1）选择电子元件。

（2）合理布置电子元件。

（3）加热电烙铁。

（4）根据实验电路原理图焊接好。

（5）A、D 两点接功放机输出。

（6）手机输出接功放机输入。

（7）在安全范围内可更改分频电路的电容器调试喇叭。

4. 焊接过程中应该注意的问题。

（1）选择电子元件时注意元件好坏。

（2）使用电烙铁时，注意安全用电及防止灼伤人。

（3）焊接电容时注意电容正负极性，防止电容爆炸。

（4）通电调试不能随意接电源电压，否则会烧坏电路。

任务 5　单相交流电电流的测量

一、任务介绍

通常用普通电流表测量电流时，需要将电路切断停机后才能将电流表接入进行测量，这是很麻烦的，有时正常运行的设备不允许断电测量。此时，使用钳形电流表就方便多了，可以在不切断电路的情况下来测量电流。你现在的任务是根据老师提供的通电设备使用钳形电流表测量交流电流。

二、任务分析

使用钳形电流表测量电流难度并不大，为了便于观察和保证足够的测量精度，被测的电流要足够大。通常我们解决问题有 2 个方法：① 采用 220V 大功率设备作负载，如 220V 电热水壶、电暖器；② 采用低电压大电流设备作负载，如 12V 汽车灯泡。

三、知识导航

现在测量交流电的仪表很多，常见的如图 5-5-1 所示。安装式电流表如图 5-5-1（a）所示。移动式电流表如图 5-5-1（b）所示。

如图 5-5-2 所示是我们初中上物理课时，用普通电流表做的电流测量实验；如图 5-5-3 所示是企业工作时，用钳形电流表测量运行中的设备电流。你觉得哪种测量方式更方便快捷？

（a）安装式电流表

（b）移动式电流表

图 5-5-1　测量交流电的仪表

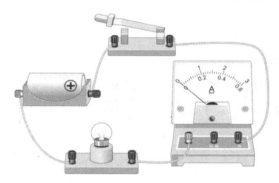

图 5-5-2　普通电流表电路图

图 5-5-3　钳形电流表

　　钳形电流表简称钳形表，是交流电路维修工作中最常用的测量仪表之一。其工作部分主要由一只电磁式电流表和穿心式电流互感器组成。穿心式电流互感器铁芯制成活动开口，且呈钳形，故名钳形电流表。它是一种不需要断开电路就可直接测电路交流电流的携带式仪表，在电气检修中使用非常方便，应用相当广泛。

　　钳形表可以通过转换开关的拨挡改换不同的量程，但拨挡时不允许带电进行操作。钳形表一般准确度不高，通常为 2.5～5 级。为了使用方便，表内还有不同量程的转换开关供测量不同等级电流以及测量电压时使用。

四、结构及原理

　　钳形表实质上是由一只电流互感器、钳形扳手和一只整流式磁电系有反作用力仪表所组成，结构如图 5-5-4 所示。

　　钳型表的工作原理和变压器一样。初级线圈就是穿过钳形铁芯的导线，相当于 1 匝的变压器的一次线圈，这是一个升压变压器。二次线圈和测量用的电流表构成二次回路。当

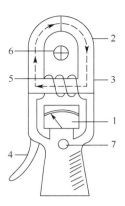

1—电流表；2—电流互感器；3—铁芯；4—手柄
5—二次绕组；6—被测导线；7—量程开关

图 5-5-4　钳形电流表结构示意图

导线有交流电流通过时，就是这一匝线圈产生了交变磁场，在二次回路中产生了感应电流，电流的大小和一次电流的比例，相当于一次和二次线圈的匝数的反比。钳形电流表用于测量大电流，如果电流不够大，可以将一次导线通过钳形表增加圈数，同时将测得的电流数除以圈数。钳形电流表的穿心式电流互感器的副边绕组缠绕在铁芯上且与交流电流表相连，它的原边绕组即为穿过互感器中心的被测导线。旋钮实际上是一个量程选择开关，扳手的作用是开合穿心式互感器铁芯的可动部分，以便使其钳入被测导线。

测量电流时，按动扳手，打开钳口，将被测载流导线置于穿心式电流互感器的中间，当被测导线中有交变电流通过时，交流电流的磁通在互感器副边绕组中感应出电流，该电流通过电磁式电流表的线圈，使指针发生偏转，在表盘标度尺上指出被测电流值。

三、钳形电流表的规格

钳形表有模拟指针式和数字式两种。标准型的检测范围：交流、直流均在 20A 到 200A 或 400A 左右，也有可以检测到 2000A 大电流的产品；另有可以检测到 mA 的微小电流的漏电检测产品以及可检测变压器电源、开关转换电源等正弦波以外的非正弦波的真有效值（TRUERMS）的产品。

四、任务实施

1. 器材准备（图 5-5-5、图 5-5-6、图 5-5-7）

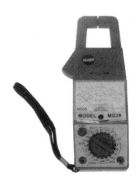

图 5-5-5　指针式钳表

图 5-5-6　指针式万用表

图 5-5-7　照明电路板

2. 使用指针式钳形表测量电流

（1）测量前要机械调零。

（2）选择合适的量程，先选大量程，后选小量程或看铭牌值估算。

（3）当使用最小量程测量，其读数还不明显时，可将被测导线绕几匝，匝数要以钳口中央的匝数为准，则读数＝指示值×量程／满偏×匝数。

例如：一根导线估计流过的电流大概600mA，如何测量？

先选择最小的5A量程；将导线绕6～7圈；导线放在钳口的中间位置测量更准；用读数除以圈数。

如何选择绕的圈数：圈数乘以导线的估测电流逼近所选择的量程比较合适，上例中，6～7圈刚好是3.6～4.2A，比较接近5A，误差比较小。

（4）测量时，应使被测导线处在钳口的中央，并使钳口闭合紧密，以减少误差。

（5）测量完毕，要将转换开关放在最大量程处。

3. 注意事项

（1）被测线路的电压要低于钳形表的额定电压。

（2）测高压线路电流时，要戴绝缘手套，穿绝缘鞋，站在绝缘垫上。

（3）钳口要闭合紧密，不能带电换量程。

4. 根据图5-5-8中内容分析了解钳形电流表的其他用途

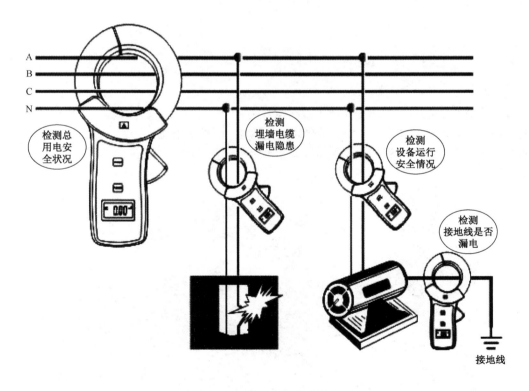

图5-5-8　钳形电流表应用实例

任务 **6** 单相交流电机的连接

一、任务介绍

单相异步电动机由于只需要单相交流电，故使用方便、应用广泛，并且有结构简单、成本低廉、噪声小、对无线电系统干扰小等优点，因而常用在功率不大的家用电器和小型动力机械中，如电风扇、洗衣机、电冰箱、空调、抽油烟机、电钻、医疗器械、小型风机及家用水泵等。现在的任务是根据老师提供的单相电动机或风扇进行安装接线。

二、任务分析

本学习任务的目的是能通过吸顶风扇（吊扇）的安装认识单相电动机的接线方法。在任务实施过程中使用学校宿舍返修吊扇，检查吊扇绕组与电容，借助仪表及小组分析确定损坏元件，更换元件后，重新接线、组装风扇及安装。学生可通过网络搜索相关资料进行自主学习。

三、知识导航

1. 单相交流电动机原理

单相电动机一般是指用单相交流电源（AC220V）供电的小功率单相异步电动机。这种电动机通常在定子上有两相绕组，转子是普通鼠笼型的。两相绕组在定子上的分布以及供电情况的不同，可以产生不同的启动特性和运行特性。常见单相交流电动机如图 5-6-1 所示。

图 5-6-1 单项交流电动机实物图

当单相正弦电流通过定子绕组时，电动机就会产生一个交变磁场，这个磁场的强弱和方向随时间按正弦规律变化，但在空间方位上是固定的，所以又称这个磁场是交变脉动磁场。这个交变脉动磁场可分解为两个以相同转速、旋转方向互为相反的旋转磁场，当转子静止时，这两个旋转磁场在转子中产生两个大小相等、方向相反的转矩，使得合成转矩为零，所以电动机无法旋转。当我们用外力使电动机向某一方向旋转时（如顺时针方向旋转），这时转子与顺时针旋转方向的旋转磁场间的切割磁力线运动变小；转子与逆时针旋转方向的旋转磁场间的切割磁力线运动变大。这样平衡就打破了，转子所产生的总的电磁转矩将不再是零，转子将顺着推动方向旋转起来。

要使单相电动机能自动旋转起来，我们可在定子中加上一个启动绕组，如图 5-6-2 所示，启动绕组与主绕组在空间上相差 90°，启动绕组要串接一个合适的电容，使得与主绕组的电流在相位上近似相差 90°，即所谓的分相原理。这样两个在时间上相差 90° 的电流通入两个在空间上相差 90° 的绕组，将会在空间上产生（两相）旋转磁场，在这个旋转磁场作用下，转子就能自动启动，待转速升到一定时，借助一个安装在转子上的离心开关或其他自动控制装置将启动绕组断开，正常工作时只有主绕组工作。因此，启动绕组可以做成短时工作方式。但有很多时候，启动绕组并不断开，我们称这种电动机为单相电动机，要改变这种电动机的转向，只要把辅助绕组的接线端头调换一下即可。

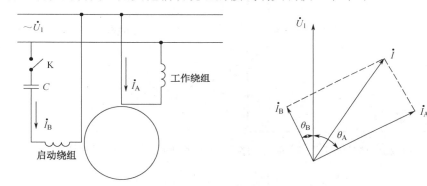

图 5-6-2　电容分相电动机接线图及向量图

在单相电动机中，产生旋转磁场的另一种方法称为罩极法，又称单相罩极式电动机。如图 5-6-3 所示，此种电动机定子做成凸极式的，有两极和四极两种。每个磁极在 1/4～1/3 全极面处开有小槽，把磁极分成两个部分，在小的部分上套装上一个短路铜环，好像把这部分磁极罩起来一样，所以叫罩极式电动机。单相绕组套装在整个磁极上，每个极的线圈是串联的，连接时必须使其产生的极性依次按 N、S、N、S 排列。当定子绕组通电后，在磁极中产生主磁通，根据楞次定律，其中穿过短路铜环的主磁通在铜环内产生一个在相位上滞后 90° 的感应电流，此电流产生的磁通在相位上也滞后于主磁通，它的作用与电容式电动

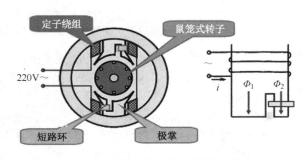

图 5-6-3　单相电动机内部原理图

机的启动绕组相当，从而产生旋转磁场使电动机转动起来。

2. 交流单相电动机启动方式

（1）电容运转式，如图 5-6-4 所示，由辅助启动绕组来辅助启动，其启动转矩不大，运转速率大致保持定值，主要应用于电风扇、空调、风扇、洗衣机等的电动机。

（2）电容启动式，电动机静止时离心开关是接通的，给电后启动电容参与启动工作，当转子转速达到额定值的 70%～80%时离心开关便会自动跳开，启动电容完成任务，并被断开。启动绕组不参与运行工作，而电动机以运行绕组线圈继续工作，如图 5-6-5 所示。

（3）双电容启动运转式，如图 5-6-6 所示，电动机静止时离心开关是接通的，给电后启动电容参与启动工作，当转子转速达到额定值的 70%至 80%时离心开关便会自动跳开，启动电容完成任务，并被断开，而运行电容串接到启动绕组参与运行工作。这种接法一般用在空气压缩机、切割机、木工机床等负载大而不稳定的地方。带有离心开关的电动机，如果电动机不能在很短时间内启动成功，那么绕组线圈将会很快烧毁。双值电容电动机的启动电容容量大，运行电容容量小，耐压一般大于 400V。

（4）开关控制正反转式，如图 5-6-7 所示是带正反转开关的接线图，通常这种电动机的启动绕组与运行绕组的电阻值是一样的，就是说电动机的启动绕组与运行绕组的线径与线圈数是完全一致的。一般，洗衣机采用这种电动机。这种正反转控制方法简单，不用复杂的转换开关。

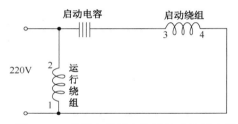

图 5-6-4　单相电动机电容运转式接线电路

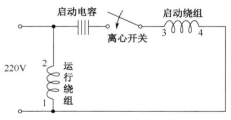

图 5-6-5　单相电动机电容启动式接线电路

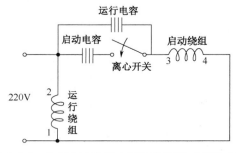

图 5-6-6　单相电动机双电容启动运转式接线电路

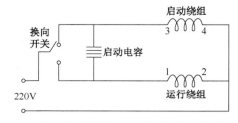

图 5-6-7　开关控制正反转式单相电动机接线

（5）绕组调速式，也叫分相启动式，如图 5-6-8 所示，由辅助启动绕组来辅助启动，其启动转矩不大，常用于家用电风扇、吊扇等。

正反转控制：

如图 5-6-4、图 5-6-5、图 5-6-6 所示电路的正反转控制，只需要将 1-2 线对调或 3-4 线对调即可完成逆转。对于图 5-6-4、图 5-6-5、图 5-6-6 所示电路的启动与运行绕组的判断，通常启动绕组比运行绕组直流电阻大很多，用万用表可测出。一般运行绕组直流电阻为几欧姆，而启动绕组的直流电阻为十几欧姆到几十欧姆。

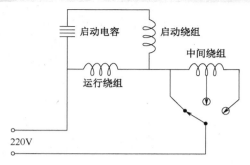

图 5-6-8　绕组调速式单相电机接线

四、任务实施

1. 器材准备（图 5-6-9、图 5-6-10、图 5-6-11）

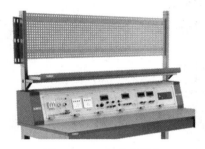

图 5-6-9　常用电工工具套装　　图 5-6-10　学生宿舍吊顶扇　　图 5-6-11　电工实训台

2. 操作步骤

（1）检查风扇配件是否完好。

（2）根据产品说明书（网上搜索）将风扇组装好（风扇事先拆散）。

（3）根据产品说明剪取适当长度的导线将扇头内启动绕组、运行绕组及启动电容连接。

（4）配线应注意区分导线的颜色，应与系统整体穿线颜色一致，以区分相线、零线及保护地线。

（5）吊顶吊扇安装在电工实训台上（如安装在天花板上或壁挂吊扇应根据安装底板位置打好膨胀螺栓孔后安装，安装膨胀螺栓数不得少于 2 个，直径不小于 8mm）。

（6）安装完毕，且各条支路的绝缘电阻摇测合格后，方允许通电试运行。通电后应仔细检查和巡视，检查风扇的控制是否灵活、准确；吊扇的转向、运行声音及调速开关是否正常。如发现问题必须先断电，然后查找原因进行修复。

3. 吊扇安装应符合下列规定。

（1）吊扇挂钩安装牢固，吊扇挂钩的直径不小于吊扇挂销直径，且不小于 8mm；有防震动橡胶垫；挂销的放松零件齐全、可靠。

（2）吊扇扇叶距地高度不小于 2.5m。

（3）吊扇组装不改变扇叶角度，扇叶固定螺栓防松零件齐全。

（4）吊杆间、吊杆与电动机间螺纹连接的啮合长度不小于 20mm，且防松零件齐全紧固。

（5）吊扇接线正确，运转时扇叶无明显颤动和异常声响。

（6）涂层完整，表面无划痕、无污染，吊杆上下扣碗安装牢固到位。

（7）同一室内并列安装的吊扇开关高度一致，且控制有序不错位。

项目评价

1．每组选派一名代表以 PPT、录像或影片的形式向全班展示、汇报学习成果。

2．在每位代表展示结束后，其他各组选派一名代表进行简要点评。

学生代表点评记录：

3．项目评价内容。

项目评价表

评价内容	学习任务	配分	评分标准	得分
专业能力	任务 1　用示波器观测单相交流电	10	完成任务，功能正常得 5 分；方法步骤正确，动作准确得 2 分；符合操作规程，人员设备安全得 2 分；遵守纪律，积极合作，工位整洁得 1 分。损坏设备和零件此题不得分	
	任务 2　照明电路的安装	10	完成任务，功能正常得 5 分；方法步骤正确，动作准确得 2 分；符合操作规程，人员设备安全得 2 分；遵守纪律，积极合作，工位整洁得 1 分。损坏设备和零件此题不得分	
	任务 3　纯电感电路的连接	10	完成任务，功能正常得 5 分；方法步骤正确，动作准确得 2 分；符合操作规程，人员设备安全得 2 分；遵守纪律，积极合作，工位整洁得 1 分。损坏设备和零件此题不得分	
专业能力	任务 4　纯电容分频器的安装	10	完成任务，功能正常得 5 分；方法步骤正确，动作准确得 2 分；符合操作规程，人员设备安全得 2 分；遵守纪律，积极合作，工位整洁得 1 分。损坏设备和零件此题不得分	
	任务 5　单相交流电电流的测量	20	完成任务，功能正常得 12 分；方法步骤正确，动作准确得 3 分；符合操作规程，人员设备安全得 3 分；遵守纪律，积极合作，工位整洁得 2 分。损坏设备和零件此题不得分	
	任务 6　单相交流电机的连接	20	完成任务，功能正常得 12 分；方法步骤正确，动作准确得 3 分；符合操作规程，人员设备安全得 3 分；遵守纪律，积极合作，工位整洁得 2 分。损坏设备和零件此题不得分	
方法能力	任务 1～5 整个工作过程	10	信息收集和筛选能力、制订工作计划、独立决策、自我评价和接受他人评价的承受能力、测量方法、计算机应用能力。根据任务 1～6 工作过程表现评分	
社会能力	任务 1～5 整个工作过程	10	团队协作能力、沟通能力、对环境的适应能力、心理承受能力。根据任务 1～6 工作过程表现评分	
总得分				

4．指导老师总结与点评记录：

5．学习总结：

思考与练习

一、填空题

1．在纯电阻交流电路中，端电压 $u=311\sin(314t+30^{\circ})$V，其中 $R=1000\Omega$，那么电流 i =_____A，电压与电流的相位差 Φ=_____$^{\circ}$，电阻上消耗的功率 P=_____W。

2．纯电感交流电路中，电流的初相角为-60°，则电压的初相角为_____°。

3．在纯电容交流电路中，增大电源频率时，其他条件不变，电路中的电流将_____。

4．单相正弦交流电压的最大值为 311V，它的有效值是_____。

5．电感器可分为_____的线圈和互感作用的变压器。

6．电容器按结构分为固定电容、_____、可变电容。

7．照明电路由电度表、总开关、_____、开关、灯泡和导线等组成。

8．白炽灯电路开关合上后灯泡不亮的原因是_____。

9．纯电容电路的功率因数_____零。

10．正弦量的平均值与最大值之间的正确关系是_____。

二、判断题

1．正弦交流电的最大值也是瞬时值。 （ ）

2．电流表可分为安培表、毫安表、微安表。 （ ）

3．正弦交流电就是随时间不断变化而周期性变化的电流、电压、电动势的统称。（ ）

4．正弦交流电在变化的过程中，有效值也发生变化。 （ ）

5．电气照明按供电方式可分为工作照明和事故照明。 （ ）

6．电气设备停电后，在没有断开电源开关和采取安全措施以前，不得触及设备或进入设备的遮栏内，以免发生人身触电事故。 （ ）

7．白炽灯属于热辐射光源。 （ ）

8．电容器起到隔直流，通交流，阻低频，通高频的作用。 （ ）

9．钳型电流表选择量程时，先选大量程，后选小量程或看铭牌值估算。 （ ）

10．电路中的"无功功率"就是没有用的功率。 （ ）

三、选择题

1．钳形电流表不能带电（ ）。

    A．读数   B．换量程   C．操作   D．动扳手

2．单相三孔插座的接线规定为：左孔接（ ），右孔接相线，中孔接保护线 PE。

    A．零线   B．火线   C．地线   D．开关

3．测电流时，所选择的量程应使电流表指针指在刻度标尺的（ ）。

    A．前 1/3 段   B．中段   C．后 1/3 段   D．任意位置

4．白炽灯的工作原理是（ ）。

    A．电流的磁效应   B．电磁感应

    C．电流的热效应   D．电流的光效应

5．正弦交流电是指正弦交流（ ）。

    A．电流   B．电压

    C．电动势   D．电流、电压、电动势的统称

6．正弦交流电 $i=10\sqrt{2}\sin\omega t$ 的瞬时值不可能等于（ ）A。

    A．10   B．0   C．11   D．15

7．正弦交流电的三要素是指（ ）。

    A．最大值、频率、角频率   B．有效值、频率、角频率

    C．最大值、角频率、相位   D．最大值、角频率、初相位

8．如图所示正弦交流电的初相位是（ ）。

    A．π/6   B．-(π/6)   C．7π/6   D．π/3

9．纯电感元件在直流电路中相当于（ ）。

    A．开路   B．阻抗大的元件   C．短路   D．感抗大的元件

10．纯电感交流电路欧姆定律表达式为（ ）。

    A．$U=\omega L I$ B．$U=X L I$ C．$U=L I$ D．$U=I X L$

项目六

三相交流电路安装

项目描述

电力系统所采用的供电方式绝大多数是三相制，工业用的交流电动机大都是三相交流电动机，单相交流电则是三相交流电中的一相。

三相交流电在国民经济中获得广泛的应用，这是因为三相交流电比单相交流电在电能的产生、输送和应用上具有更显著的优点。

例如：在电动机尺寸相同的条件下，三相发电机的输出功率比单相发电机高 50% 左右；在电能输送距离和输送功率一定时，采用三相制比单相制要节省大量的有色金属。

三相用电设备还具有结构简单、运行可靠、维护方便等特点。以对称三相电源向负载供电的电路称为三相电路，其组成包括对称三相电源、三相负载和三相传输控制环节。

学习任务

任务 1　三相交流电的测试
任务 2　三相交流电接电灯泡
任务 3　三相交流电接交流接触器
任务 4　三相异步电动机 Y 形和 △ 形的连接
任务 5　三相异步电动机启动电流、空载电流的测量

学习目标

1. 知识目标

（1）了解三相交流电的产生和特点。

（2）掌握三相电源绕组星形和三角形连接时的线电压和相电压的关系。

（3）了解三相负载作星形连接时，负载的线电压和相电压以及线电流和相电流的关系。

（4）了解三相负载作三角形连接时，负载的线电压和相电压以及线电流和相电流的关系。

2. 技能目标

（1）能够正确安装、测试三相交流电路，记录数据参数。

（2）学会三相交流电的测试

（3）学会三相交流电与交流接触器、电灯泡等三相不对称负载的连接。

（4）学会三相异步电动机 Y 型和 △ 型连接及线路故障排除

3. 情感目标

（1）通过自主学习激起学生阅读兴趣。

（2）培养积极主动自觉的学习并且热爱学习。

（3）在完成任务中树立自信心，增强克服困难的意志。

（4）通过正确处理电线绝缘层废弃物培养保护环境节约资源的良好习惯。

（5）提高与他人相处、交流和合作的能力。

（6）能够团结协作，服从管理；懂得安全防护，有团队意识。

学习工具

1. 三相电源模块、三相异步电动机、电工测量仪表。

2. 计算机、网络等多媒体现代化终端设备。

学习方法

1. 项目驱动法：师生、学生之间交流学习相结合。

2. 实践操作，点评。

课时安排

建议 36 个学时。

任务 1　三相交流电路的测试

一、任务介绍

电能是现代化生产、管理及生活的主要能源，电能的生产、传输、分配和使用等许多环节构成一个完整的系统，这个系统叫做电力系统。电力系统目前普遍采用三相交流电源供电，由三相交流电源供电的电路称为三相交流电路。三相交流电源的特点是输出端有三个，三个输出端输出频率相同而相位不同的电压。组成三相电路的各个单相部分称为相。需要根据老师给出的具体要求对三相交流电源进行测试以了解各个物理量之间的关系。

二、任务分析

本学习任务通过用交流电压表对三相交流电源相电压和线电压的测量，进一步认识对三相交流电以及其相电压和线电压的关系。

三、知识导航

三相交流电的基本概念

1. 三相交流电的特点

（1）三相交流发电机比功率相同的单相交流发电机体积小、重量轻、成本低。

（2）电能输送时，当输送功率相等、电压相同、输电距离一样、线路损耗也相同时，用三相制输电相对于单相制输电而言可大大节省输电线有色金属的消耗量，即输电成本较低，三相输电的用铜量仅为单相输电用铜量的75%。

（3）目前获得广泛应用的三相异步电动机是以三相交流电作为电源，它与单相电动机或其他电动机相比，具有结构简单、价格低廉、性能良好和使用维护方便等优点。

2. 三相交流电的产生

三相交流电的产生就是指三相交流电动势的产生。三相交流电动势由三相交流发电机产生，它是在单相交流发电机的基础上发展而来的，如图6-1-1所示，在发电机定子（固定不动的部分）上嵌入了三相结构完全相同的线圈 U_1U_2、V_1V_2、W_1W_2（通称绕组），这三相绕组在空间位置上各相差120°电角度，分别称为 U 相、V 相和 W 相。U_1、V_1、W_1 三端称为首端，U_2、V_2、W_2 则称为末端。工厂、企业配电站或厂房内的三相电源线（用裸铜排时）一般用黄、绿、红分别代表 U、V、W 三相。

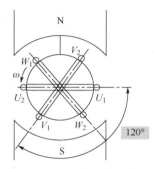

图6-1-1　三相发电机原理图

磁极放在转子上，一般均由直流电通过励磁绕组产生一个很强的恒定磁场。当转子由原动机拖动作匀速转动时，三相定子绕组即切割转子磁场而感应出三相交流电动势。由于三相绕组在空间上各相差120°电角度，因此三相绕组中感应出的三个交流电动势在时间上也相差三分之一周期（也就是120°角）。这三个电动势的三角函数表达式为

$$\begin{cases} e_U = E_m \sin \omega t \\ e_V = E_m \sin(\omega t - 120°) \\ e_W = E_m \sin(\omega t - 240°) \end{cases}$$

3. 三相交流电

1）三相电源 Y 形连接

发电机三相绕组的 Y 形接法如图 6-1-2 所示。将三个绕组的末端连在一起，这个连接点称为中性点或零点，用 N 表示。这种连接方法称为 Y 形连接。

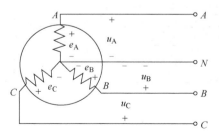

图6-1-2　三相电源 Y 形连接

（1）相线与中线

① 相线（火线或端线）：从三相绕组的始端 A、B、C 引出的三根导线。

② 中线（中性线或零线）：从中性点引出的导线。

（2）相电压与线电压

① 相电压：相线与中线之间的电压。

② 线电压：相线与相线之间的电压。

（3）三相电源星形联结时的电压关系

① 相电压 U_P 即每个绕组的首端与末端之间的电压，相电压的有效值用 U_U、U_V、U_W 表示；

② 线电压 U_L 即各绕组首端与首端之间的电压，即任意两根相线之间的电压叫做线电

压，其有效值分别用 U_{UV}、U_{VW}、U_{WU} 表示。

相电压与线电压参考方向的规定：

相电压的正方向是由首端指向中点 N，例如电压 U_U 是由首端 U_1 指向中点 N；线电压的方向，如电压是由首端 U_1 指向首端 V_1。

③ 线电压 U_L 与相电压 U_P 的关系

三个相电压大小相等，在空间各相差 120°电角度。

三相电路中线电压的大小是相电压的 $\sqrt{3}$ 倍，其公式为 $U_L = \sqrt{3}U_P$

2）三相电源的三角形连接（△接）

如图 6-1-3 所示，将电源一相绕组的末端与另一相绕组的首端依次相连（接成一个三角形），再从首端 U_1、V_1、W_1 分别引出端线，这种连接方式就叫三角形连接。其相量图如图 6-1-4 所示。

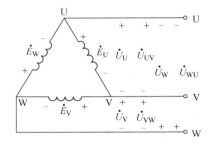
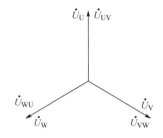

图 6-1-3　三相电源的三角形连接　　　　图 6-1-4　电源三角形连接的相量图

三相电源三角形连接时的电压关系

三相电源三角形连接时，电路中线电压的大小与相电压的大小相等即：$U_L = U_P$

四、任务实施

本学习任务在电工电子实训中心完成，任务具体实施步骤如下。

测试工作任务单

测试名称	三相电源的测试		
任务编码	1	课时安排（H）	
任务内容	1. 认识三相交流电源； 2. 用交流电压表测量相电压和线电压		
任务要求	1. 正确使用测试仪表； 2. 正确测试电压等相关数据； 3. 数据分析； 4. 撰写安装与测试报告		
测试设备	设备名称	型号或规格	数量
	电工电路综合实训台		1 套
	万用表		1 块

测试程序：

（1）测试相线与中线之间的电压，即相电压，将测试数据填入表 6-1-1 中。

表 6-1-1　相电压测量结果

相电压	U_{AN}	U_{BN}	U_{CN}
测量值			

（2）测试相线与相线之间的电压，即线电压，将测试数据填入表 6-1-2 中。

表 6-1-2　线电压测试结果

线电压	U_{AB}	U_{BC}	U_{CA}
测量值			

（3）计算 U_{AB} 与 U_{AN}、U_{BC} 与 U_{BN}、U_{CA}、U_{CN} 的数值关系等，并填入表 6-1-3 中。

表 6-1-3　线电压与相电压之间的数量关系计算

计算内容	计算值
U_{AB} 与 U_{AN} 的数值关系	
U_{BC} 与 U_{BN} 的数值关系	
U_{CA} 与 U_{CN} 的数值关系	

任务 2　三相交流电接单相负载

一、任务介绍

平时所见到的用电器统称为负载，负载按它对电源的要求又分为单相负载和三相负载。单相负载是指只需要单相电源供电的设备，如电灯、电炉、电烙铁等。三相负载是指需要三相电源供电的负载，如三相异步电动机、大功率电炉等。在三相负载中，如果每相负载的电阻、电抗相等，这样的负载称为三相对称负载。

因为使用任何电气设备，都要求负载所承受的电压应等于它的额定电压，所以，要采用一定的连接方法来满足负载对电压的要求。在三相电路中，负载的连接方法有两种：星形连接和三角形连接。

二、任务分析

本学习任务利用白炽灯为负载作星形连接、三角形连接，来验证这两种接法下线、相电压及线、相电流之间的关系。并在实验中充分理解三相四线供电系统中中线的作用。

三、知识导航

由三根火线和一根地线所组成的输电方式称三相四线制（通常在低压配电系统中采用），其电路图如图 6-2-1 所示。只由三根火线所组成的输电方式称三相三线制（在高压输电时采用较多）。

1. 负载的星形连接

图 6-2-3 是三相负载作星形连接时的电路图，其线电压为 380V，相电压为 220V。负载如何连接，应视其额定电压而定。通常单相负载的额定电压是 220V，因此，要接在相线和中性线之间。因为电灯负载是大量使用的，不能集中在一相电路中；应把它们平均地分配在各相电路之中，使各相负载尽量平衡，电灯的这种接法称为负载的星形连接。

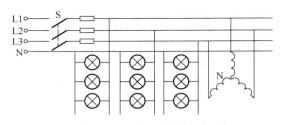

图 6-2-1　三相四线制电路

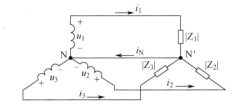

图 6-2-2　三相负载作星形连接时的电路图

从图 6-2-2 上可看出，若略去输电线上的电压降，则各相负载的相电压就等于电源的相电压。因此，电源的线电压为负载相电压的 $\sqrt{3}$ 倍，即 $U_L = \sqrt{3}\, U_{YP}$

式中，U_{YP} 表示负载星形联结时的相电压。

三相电路中，流过每根相线的电流叫线电流，即 I_1，I_2，I_3，一般用 I_{YL} 表示，其方向规定为电源流向负载；而流过每相负载的电流叫相电流，一般以 I_{YP} 表示，其方向与相电压方向一致；流过中性线的电流叫中性线电流，以 I_N 表示，其方向规定为由负载中性点 N' 流向电源中性点 N。显然，在星形连接中，线电流等于相电流，即：

$$I_{YL} = I_{YP}$$

若三相负载对称，即 $|Z_1| = |Z_2| = |Z_3| = |Z_P|$，因各相电压对称，所以各负载中的相电流相等，即

$$I_1 = I_2 = I_3 = I_{YP} = U_{YP}/|Z_P|$$

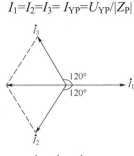

$$\dot{I}_1 + \dot{I}_2 + \dot{I}_3 = 0$$

所以，三相对称负载作星形连接时，中性线电流为零。中性线上没有电流流过，故可省去中性线，此时并不影响三相电路的工作，各相负载的相电压仍为对称的电源相电压，这样三相四线制就变成了三相三线制。

当三相负载不对称时，各相电流的大小就不相等，相位差也不一定是 120°，因此，中性线电流就不为零，此时中性线绝不可断开。因为当有中性线存在时，它能当作星形连接的各相负载，即使在不对称的情况下，也均有对称的电源相电压，从而保证了各相负载能正常工作；如果中性线断开，各相负载的电压就不再等于电源的相电压，这时，阻抗较小的负载的相电压可能低于其额定电压，阻抗较大的负载的相电压可能高于其额定电压，使负载不能正常工作，甚至会造成严重事故。所以，在三相四线制中，规定中性线不准安装熔丝和开关，有时中性线还采用钢芯导线来加强其机械强度，以免断开。另一方面，在连接三相负载时，应尽量使其平衡，以减小中性线电流。

2. 负载的三角形连接

将三相负载分别接在三相电源的两根相线之间的接法，称为相负载的三角形连接，如图 6-2-3 所示。

这时，不论负载是否对称，各相负载所承受的电压为对称的电源线电压，即

$$U_{\triangle P}=U_L$$

作出线电流和相电流的相量图如图 6-2-4 所示。

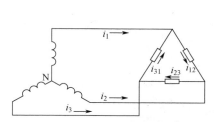

图 6-2-3　相负载的三角形连接

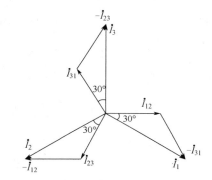

图 6-2-4　线电流和相电流的相量图

上式说明，对称三相负载成三角形连接时，线电流的有效值为相电流有效值的 $\sqrt{3}$ 倍，而且各线电流在相位上比各相应的相电流滞后 30°。

四、任务实施

本学习任务在电工电子实训中心完成，任务具体实施步骤如下。

测试工作任务单

测试名称	三相负载的 Y 形、△形连接的测试		
任务编码		课时安排（H）	
任务内容	1. 掌握三相负载作星形连接、三角形连接的方法，验证这两种接法下线、相电压及线、相电流之间的关系； 2. 充分理解三相四线供电系统中线的作用		
任务要求	1. 正确使用测试仪表； 2. 正确测试电压及电流等相关数据； 3. 数据分析； 4. 撰写安装与测试报告		

1. 测试设备

三相交流电源、交流电压表或万用表、交流电流表或万用表、灯泡 15W/22、实验导线、开关。

2. 测试内容

（1）三相负载星形连接（三相四线制供电）

实验电路如图 6-2-5 所示，将白炽灯按图所示连接成星形接法。测量线电压和相电压，并记录数据。

（1）在有中线的情况下，测量三相负载对称和不对称时的各相电流、中线电流和各相电压，将数据记入表 6-2-1 中，并记录各灯的亮度。

（2）在无中线的情况下，测量三相负载对称和不对称时的各相电流、各相电压和电源中点 N 到负载中点 N′的电压 U_{NN}′，将数据记入表 6-2-1 中，并记录各灯的亮度。

2）三相负载三角形连接

电路如图 6-2-6 所示，将白炽灯按图所示，连接成三角形接法。测量三相负载对称和不对称时的各相电流、线电流和各相电压，将数据记入表 6-2-2 中，并记录各灯的亮度。

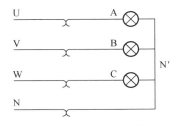

图 6-2-5　白炽灯的星形接法

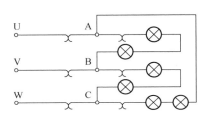

图 6-2-6　白炽灯的三角形接法

表 6-2-1　负载星形连接实验数据

中线连接	每相灯数			负载相电压（V）			电流（A）				$U_{NN'}$(V)	亮度比较 A、B、C
	A	B	C	U_A	U_B	U_C	I_A	I_B	I_C	I_N		
有	1	1	1									
	1	2	1									
	1	断开	2									
无	1	断开	2									
	1	2	1									
	1	1	1									
	1	短路	3									

表 6-2-2　负载三角形连接实验数据表

每相灯组数			相电压（V）			线电流(A)			相电流(A)			亮度比较
A-B	B-C	C-A	U_{AB}	U_{BC}	U_{CA}	I_A	I_B	I_C	I_{AB}	I_{BC}	I_{CA}	
1	1	1										
1	2	1										

3）操作注意事项

（1）每次接线完毕，同组同学应自查一遍，然后由指导教师检查后，方可接通电源，必须严格遵守先接线，后通电；先断电，后抓线的实验操作原则。

（2）星形负载作短路实验时，必须首先断开中线，以免发生短路事故。

（3）测量、记录各电压、电流时，注意分清它们是哪一相、哪一线，防止记错。

任务3 三相交流电接交流接触器

一、任务介绍

接触器是一种自动化的控制电器。接触器主要用于频繁接通或分断交、直流电路，具有控制容量大，可远距离操作，配合继电器可以实现定时操作，连锁控制，各种定量控制和失压及欠压保护，广泛应用于自动控制电路，其主要控制对象是电动机，也可用于控制其他电力负载，如电热器、照明、电焊机、电容器组等。

二、任务分析

本学习任务通过完成接触器连续正转控制线路，熟悉交流接触器的使用。

三、知识导航

接触器是电动机控制电路和其他自动控制电路中，使用最多的一种低压电器元件。接触器可以远距离频繁的接通、断开负荷电路；具有在电源电压消失或降低到某一定值以下时，自动释放而切断电路的零压及欠压保护功能。按接触器所控制的电流种类可分为交流接触器和直流接触器两种。本学习任务教学系统中只用了交流接触器。

图 6-3-1　交流接触器

（一）交流接触器的工作原理

当线圈通电时，静铁芯产生电磁吸力，将动铁芯吸合，由于触头系统是与动铁芯联动的，因此动铁芯带动三条动触片同时动作，主触点闭合，和主触点机械相连的辅助常闭触点断开，辅助常开触点闭合，从而接通电源。

当线圈断电时，吸力消失，动铁芯联动部分依靠弹簧的反作用力而分离，使主触头断开，和主触点机械相连的辅助常闭触点闭合，辅助常开触点断开，从而切断电源。

交流接触器是只能用在交流线路中的，倘若硬要把交流接触器接在直流上那么其结果必然是烧毁线路，甚至烧毁设备。

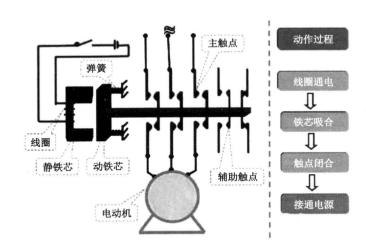

图 6-3-2　交流接触器工作原理图

（二）交流接触器主要组成部分

1. 电磁系统

包括吸引线圈、动铁芯和静铁芯。

2. 触头系统

包括三组主触头和一至两组常开、常闭辅助触头，它和动铁芯是连在一起互相联动的。

3. 灭弧装置

一般容量较大的交流接触器都设有灭弧装置，以便迅速切断电弧，免于烧坏主触头。

4. 其他

绝缘外壳及附件，各种弹簧、传动机构、短路环、接线柱等。

（三）接触器的符号与型号说明

1. 接触器的符号

接触器的图形符号如图 6-3-3 所示，文字符号为 KM。

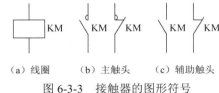

（a）线圈　　　（b）主触头　　　（c）辅助触头

图 6-3-3　接触器的图形符号

　　交流接触器的主要技术参数有额定工作电压、额定绝缘电压、主触头额定工作电流和辅助触头额定工作电流。

（四）在选择交流接触器时应注意

　　（1）选择接触器的型号。

　　（2）确定接触器的额定电流。

　　（3）选择接触器电磁线圈的额定电压。

　　接触器的辅助触点，主要用于控制回路，可以用作自锁、互锁、带接触器状态指示灯等作用。一般情况下，接触器本身带有一个触点，如果在控制线路中，自身的触点不够用，则需要添加辅助触头，以达到控制的需要。

　　辅助触点和按钮一样，也有常开（NO）、常闭（NC）两种。常开触点在平时断开，一旦接触器得电吸合，常开触点就导通，而常闭触点正好与常开触点相反。

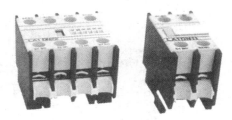

图 6-3-4　辅助触头

（五）热继电器

　　热继电器是用于电动机或其他电气设备、电气线路的过载保护的保护电器。

图 6-3-5　常见热继电器

　　使用热继电器对电动机进行过载保护时，将热元件与电动机的定子绕组串联，将热继电器常闭触头串联在交流接触器的电磁线圈的控制电路中，并调节整定电流调节旋钮，使人字形拨杆与推杆相距一段适当的距离。当电动机正常工作时，通过热元件的电流即为电动机的额定电流，热元件发热，双金属片受热后弯曲，使推杆刚好与人字形拨杆接触。常闭触头处于闭合状态，交流接触器保持吸合，电动机正常运行。若电动机出现过载情况，绕组中电流增大，通过热继电器热元件中的电流增大使双金属片温度升得更高，弯曲程度加大，推动人字形拨杆，人字形拨杆推动常闭触头，使触头断开而断开交流接触器线圈电路，使接触器释放、切断电动机的电源，电动机停止运行而得到保护。

四、任务实施

本学习任务在电工电子实训中心完成，任务具体实施步骤如下：

1. 接触器连续正转控制线路（图 6-3-6）

即控制对象能够持续运转，即使松开启动按钮后，吸引线圈通过其辅助触点仍保持继续通电，维持吸合状态。这个辅助触点常称为自锁触点。

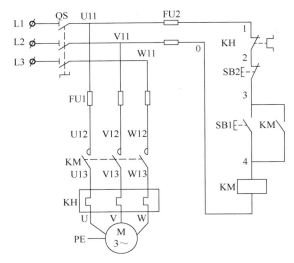

图 6-3-6　接触器连续正转控制线路

2. 工作原理

启动时，按下 SB1，KM 通电吸合，其常开辅助触点闭合，当 SB1 复位跳开时，KM 通过其常开触点保持通电，称为自锁。

停止时，按下 SB2，KM 断电释放，同时 KM 触点断开，控制回路解除自锁。线路所用电器元件明细表见表 6-3-1。

表 6-3-1　线路所用电器元件明细表

代号	名称	型号	数量
QS	组合开关	HZ10-25/3	1
FU1	螺旋式熔断器	RL1-60/25	3
FU2	螺旋式熔断器	RL1-15/2	2
$KM_{1\sim2}$	交流接触器	CJ10-20	1
$SB_{1\sim2}$	按钮	LA10-3H	3
KH	热继电器	JR36-20	1
XT	端子排	JX2-1015	15 节
M	三相异步电动机	Y112M-4	1 台
	常用电工工具		一套

实训步骤

1. 先断开电源，按照图 6-3-6 所示在安装板进行实训接线。

2. 接线完毕，仔细检查接线，没发现问题后送控制回路电源，启动按钮，看接触器的动作是否正常。

3. 控制回路调试正确无误后，再通电调试主回路，看电机的运转是否正常。

4. 实训完毕，先切断主回路电源，再切断控制回路电源。关闭三相电源，清理实训设备，打扫卫生。

注意事项

1. 不能带电进行实训接线。

2. 应先调试控制回路后调试主回路。

3. 控制回路的电源类型应根据热继电器和接触器的型号来选择。

任务 **4** 三相异步电动机 Υ 形、△ 形连接

一、任务介绍

实现电能与机械能相互转换的电工设备称为电机。电机是利用电磁感应原理实现电能与机械能的相互转换。把机械能转换成电能的设备称为发电机，而把电能转换成机械能的设备叫做电动机。

在生产上主要用的是交流电动机，特别三相异步电动机，因为它具有结构简单、坚固耐用、运行可靠、价格低廉、维护方便等优点。它被广泛地用来驱动各种金属切削机床、起重机、锻压机、传送带、铸造机械、功率不大的通风机及水泵等。本学习任务我们根据实际相异步电动机的铭牌，学会三相异步电动机定子绕组的连接方法。

二、任务分析

本学习任务的目的是能根据实际三相异步电动机的铭牌，学会三相异步电动机定子绕组的连接方法。

三、知识导航

（一）三相电动机的铭牌识读

在三相电动机的外壳上，钉有一块牌子，叫铭牌。铭牌上注明这台三相电动机的主要参数，是选择、安装、使用和修理（包括重绕组）三相电动机的重要依据，铭牌的主要内容如图 6-4-1 所示。

三相异步电动机				
型号	Y-112M-4	功率	4KW	频率	50Hz
电压	380V	电流	8.8A	接法	△
转速	1440r/min	绝缘等级	B	工作方式	连续
年　月　编号				××电机厂

图 6-4-1　三相异步电动机铭牌

注：还有功率因数 0.85，效率 87%。

1. 型号（Y-112M-4）

Y 为电动机的系列代号，112 为基座至输出转轴的中心高度（mm），M 为机座类别（L 为长机座， S 为短机座），4 为磁极数。

旧的型号如 J02-52-4：J 为异步电动机，0 为封闭式，2 为设计序号，5 为机座号，2 为铁心长度序号，4 为磁极数。

2. 额定功率（4.0kW）

额定功率是指在满载运行时三相电动机轴上所输出的额定机械功率，以千瓦（kW）或瓦（W）为单位。

3. 额定电压（380V）

额定电压是指接到电动机绕组上的线电压，用 U_N 表示。三相电动机要求所接的电源电压值的变动一般不应超过额定电压的 ±5%。电压过高，电动机容易烧毁；电压过低，电动机难以启动，即使启动后电动机也可能带不动负载，容易烧坏。

4. 额定电流（8.8A）

额定电流是指三相电动机在额定电源电压下，输出额定功率时，流入定子绕组的线电流，用 I_N 表示，以安（A）为单位。若超过额定电流过载运行，三相电动机就会过热乃至烧毁。三相异步电动机的额定功率与其他额定数据之间有如下关系式：

$$P_N = \sqrt{3}U_N I_N \cos\phi_N \eta_N$$

式中：$\cos\phi_N$——额定功率因数

η_N——额定效率

5. 额定频率（50Hz）

额定频率是指电动机所接的交流电源每秒钟内周期变化的次数，用 f_N 表示。我国规定标准电源频率为 50Hz。

6. 额定转速（1440r/min）

额定转速表示三相电动机在额定工作情况下运行时每分钟的转速，用 n_N 表示，一般是略小于对应的同步转速 n_1。如 n_1=1500r/min，则 n_N=1 440r/min。

7. 绝缘等级

绝缘等级是指三相电动机所采用的绝缘材料的耐热能力，它表明三相电动机允许的最高工作温度。它与电动机绝缘材料所能承受的温度有关。A 级绝缘为 105℃，E 级绝缘为

120℃，B 级绝缘为 130℃，F 级绝缘为 155℃，C 级绝缘为 180℃。

8. 接法（△）

三相电动机定子绕组的连接方法有星形（Y）和三角形（△）两种。定子绕组的连接只能按规定方法连接，不能任意改变接法，否则会损坏三相电动机。

9. 防护等级（IP44）

防护等级表示三相电动机外壳的防护等级，其中 IP 是防护等级标志符号，其后面的两位数字分别表示电机防固体和防水能力。数字越大，防护能力越强，如 IP44 中第一位数字"4"表示电机能防止直径或厚度大于 1mm 的固体进入电机内壳。第二位数字"4"表示能承受任何方向的溅水。

10. 噪声等级（82dB）

在规定安装条件下，电动机运行时噪声不得大于铭牌值。

11. 定额

定额是指三相电动机的运转状态，即允许连续使用的时间，分为连续、短时、周期断续三种。

1）连续

连续工作状态是指电动机带额定负载运行时，运行时间很长，电动机的温升可以达到稳态温升的工作方式。

2）短时

短时工作状态是指电动机带额定负载运行时，运行时间很短，使电动机的温升达不到稳态温升；停机时间很长，使电动机的温升可以降到零的工作方式。

3）周期断续

周期断续工作状态是指电动机带额定负载运行时，运行时间很短，使电动机的温升达不到稳态温升；停止时间也很短，使电动机的温升降不到零，工作周期小于 10min 的工作方式。

（二）三相异步电动机星形接法（Y）和三角形接法（△）

三相电机星形和三角形两种接法是设计时固定的接法形式，不能随便更改。例如三相 380V 星形接法改为三角形接法，其适应电压是三相 220V。三角形接法改为星形接法，其适应电压是 660V。电动机是大功率，为避免启动电流过大对线路产生冲击，一般是将三角形接法改为星形接法启动，启动后转换回三角形接法运行的。Y 系列电机 3KW 以下均是星形接法，4KW 以上均是三角形接法。

每根绕组都有两个接头，一个为首端，另一个为尾端。U1、V1、W1 是首端，而 U2、V2、W2 是尾端。连接绕组时，首端尾端不能搞错，错了就不能保证相间的空间电角度为 120°，影响正常旋转磁场的形成，这是我们接线时必须十分注意的问题。

1. 三相异步电机的出线盒的标志及其意义

电机走子绕组的引出线，都集中引到出线盒内，以便接线。所以出线盒也叫接线盒。接线盒内设有相互绝缘的接线柱，有的还设有接地螺钉。

1）绕组引出线标志

Y 系列电机第一相、第二相、第三相的首端分别为 U1、V1、W1；尾端分别为 U2、V2、W2。

JO2 老系列电机第一相、第二相、第三相的首端分别为 Dl、D2、D3；尾端分别为 D4、D5、D6。

有些电机，绕组内部连接好了，只引出三根线，那它们的标志：在新系列电机为 U、V、W，在老系列电机为 D1、D2、D3。要是有第四根标志为 N 的引出线，这是星接绕组的中性点。

2）接线螺钉标志

与绕组的标志完全相同，其标志有的用标号，有的在绝缘底座上压出凸纹接地螺钉的标志。

2. 三相异步电动机接线方法

三相异步电动机定于绕组通常采用两种接线方法，即星形接法（Y）和三角形接法（△）。功率大的电机，在每相绕组里由两条或两条以上的支路并联。星形接法见图（a），把三相统组的尾端连在一起，由三个首端去接电源。当然也可以把三个首端连在一起，由三个尾端去接电源。但是决不能在短接的星点上既有首端，又有尾端，否则便不能形成正常的旋转磁场。在接线盒里（见图 6-4-2）星点是用两个连接片连接的。

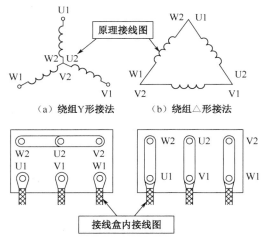

（a）绕组Y形接法　　　（b）绕组△形接法

图 6-4-2　电动机接线排

三角形接法见图（b），它是由一根绕组的首端与另一格的尾端相连，形成一个三角形，再由三角形的顶点接向电源。同样的道理，采用三角形接法，决不能用绕组的同名端（两个首端或两个尾端）接成三角形的顶点，否则，电机将不能正常运转。

一台电机，究竟采用星接还是三角形接法，必须按照铭牌的规定，是不能随意变更的。

无论哪种接法，接线时如果首尾端接错了，接通电源后，就不能形成正常的旋转磁场，这时电机启动困难，有特殊响声，三相绕组中电流很不平衡，即使空载，电流也将大于额定值。从而绕组温升急剧增高，如不切断电源，时间长了，电机绕组有烧毁的危险。所以，使用电机时，正确连接绕组是非常重要的。

3. 三相异步电动机的转向

新制成的电动机，当绕组相序 U、V、W 与电源相序 A、B、C 相同时，通电后，由电机轴伸端看，电机应顺时针方向翻转。如果电机转向与驱动要求方向相反，只要将任意两相电源线换接，旋转磁场的转向就会反过来，电机转向也就改变过来了。

四、任务实施

1. 器材准备

（1）三相异步电动机 1 台；

（2）交流三相四线电源板（应设三相与单相控制开关与漏电保护装置）1 块；

（3）导线若干。

2. 训练前准备

查看实验室的三相异步电动机的铭牌，确定采用星形接法（Y）还是三角形接法（△）。

3. 训练内容

根据三相异步电动机的铭牌，确定采用星形接法（Y）还是三角形接法（△），打开三相异步电动机接线盒根据铭牌所示的连接方式接线后接入三相电源中启动。

任务 5　三相异步电动机启动、空载电流的测量

一、任务介绍

电动机是否处在正常状况下运行，对保证安全、经济生产起着极其重要的作用。因此，必须时刻掌握电动机的运行状况，以便电动机发生运行故障时能及时发现并进行处理。而电动机的运行电流是否正常，最能够反映电动机是否处在正常状况下运行。我们可以通过监测电动机运行电流的变化情况，来及时推判电动机是否处于正常状况。

二、任务分析

本学习任务使用钳形电流表测量三相电动机的启动电流和空载电流，进一步了解三相电动机的启动电流和空载电流的关系，以及如何正确使用钳形电流表测量电流。

三、知识导航

（一）鼠笼式三相异步电动机的启动

1. 在额定负载下启动，电动机转速从零开始逐渐增加到额定转速，然后进入稳定运行阶段。一般异步电动机的启动电流可达额定电流的 4～7 倍，而启动转矩却只有额定转矩的

1～2 倍。

2. 若异步电动机空载运行，转子速度将接近旋转磁场的转速（又称同步转速），这时转子电流很小，定子绕组的电流很小。通常空载电流（电动机空载运行时定子绕组的电流）为额定电流的 20%～50%。

（二）鼠笼式三相异步电动机的启动方法

1. 直接启动

利用刀闸开关或接触器将电动机直接接到具有额定电压的电源上。这种启动方法由于启动电流较大，将使线路电压下降，影响负载正常工作。二三十千瓦以下的异步电动机一般都是采用直接启动的。

2. 降压启动

在启动时降低加在定子绕组上的电压，以减小启动电流。鼠笼式电动机的降压启动常用下面几种方法。

1）星形——三角形换接启动

如果电动机在工作时其定子绕组是连成三角形的，那么在启动时可把它连成星形，等到转速接近额定值时再换接成三角形。这种换接启动可用星—三角形启动器来实现，它体积小，成本低，寿命长，动作可靠。目前 4～100kW 的异步电动机都已设计为 380V 三角形连接，因此星—三角形启动器得到了广泛的应用。

2）自耦降压启动

自耦降压启动是利用三相自耦变压器将电动机在启动过程中的端电压降低。启动时将开关扳到启动位置，当转速接近额定值时，将开关扳向工作位置，切除自耦变压器。自耦变压器备有抽头，以便得到不同的电压，根据对启动转矩的要求而选用。采用自耦降压启动，也同时能使启动电流和启动转矩减小。

自耦降压适用于容量较大的或正常运行时连成星形不能采用星—三角启动器的鼠笼异步电动机。

3）串电阻启动（可用水电阻）。

（三）绕线式三相异步电动机的启动

只要在转子电路中接入大小适当的启动电阻 R_{st}，就可以达到减小启动电流的目的，同时启动转矩也提高了。所以它常用于要求启动转矩较大的生产机械上，例如卷扬机、锻压机、起重机及转炉等。启动后，随着转速的上升将启动电阻逐段切除。

（四）钳表的使用

钳表是一种用于测量正在运行的电气线路的电流大小的仪表，可以在不用断电的情况下测量电流。钳表有指针式钳表和数显式钳表，它们只是在显示的方式上不一样，其基本工作原理一样。如图 6-5-1 所示。

1. 钳表的结构及原理

钳表实质上是由一只电流互感器、钳形扳手和一只整流式磁电系仪表所组成的。它的工作原理和变压器一样。初级线圈就是穿过钳形铁芯的导线，相当于 1 匝的变压器的一次线圈，这是一个升压变压器。二次线圈和测量用的电流表构成二次回路。当导线有交流电流通过时，就是这一匝线圈产生了交变磁场，在二次回路中产生了感应电流，电流的大小和一次电流的比例，相当于一次和二次线圈的匝数的反比。钳表用于测量大电流，如果电流不够大，可以将一次导线再通过钳表增加圈数，同时将测得的电流数除以圈数。

 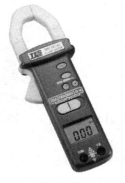

（a）指针式钳表　　　　　（b）数显式钳表

图 6-5-1　钳表

2．钳表的使用方法

（1）测量前要机械调零。

（2）选择合适的量程，先选大量程，后选小量程或看铭牌值估算。

（3）当使用最小量程测量，其读数还不明显时，可将被测导线绕几匝，匝数要以钳口中央的匝数为准，则读数＝指示值×量程 / 满偏×匝数。

（4）测量时，应使被测导线处在钳口的中央，并使钳口闭合紧密，以减少误差。

（5）测量完毕，要将转换开关放在最大量程处。

3．注意事项

（1）被测线路的电压要低于钳表的额定电压。

（2）测高压线路的电流时，要戴绝缘手套，穿绝缘鞋，站在绝缘垫上。

（3）钳口要闭合紧密，不能带电换量程。

四、任务实施

本学习任务在电工电子实训中心完成，任务具体实施步骤如下。

1．训练目的

能正确使用钳形电流表测量三相电动相的启动电流和空载电流。

2．训练器材

（1）钳形电流表 1 台（型号不限）；

（2）三相异步电动机 1 台；

（3）交流三相四线电源板（应设三相与单相控制开关与漏电保护装置）1 块；

（4）导线若干。

3. 训练前准备

（1）了解钳形电流表的使用方法与安全要求。

（2）将三相异步电动机用稍长的导线索接在电源控制板上（导线截面应满足大容量设备的工作电流）。

4. 训练内容

使用钳形电流表测量三相电动机的启动电流和空载电流；

5. 训练方法

使用钳形电流表测量三相电动机的启动电流和空载电流的训练步骤如下。

（1）安全检查无误后将电动机的电源开关合上，电动机空载运转，将钳形电流表拨到合适的挡位，将电动机电源线逐根卡入钳形电流表中，分别测量电动机的三相空载电流，并将测量数据填入表 6-5-1 中。

注意：①电动机底座应定好；②合上电源前应作安全检查；③运动中若电动机声音不正常或有过大的颤动，应马上将电动机电源关闭。

（2）关闭电动机电源使电动机停转，将钳形电流表拨到合适的挡位（按电动机额定电流值 5 倍～7 倍估计），然后将电动机的一相电源线卡入钳形电流表中，在电动机合上电源开关的同时立刻观察钳形电流表的读数变化并记入表 6-5-1 中（启动电流值）。

注意：①电动机短时间内多次连续启动会使电动机发热，因此应集中注意力观察启动瞬间的电流值，争取一次成功；②测量完毕应马上将电动机电源开关断开。

在电动机空载运行时，人为断开一相电源，如取下某一熔断器，用钳形电流表检测缺相运行电流（时间尽量短），测量完毕后立即关断电源并将检测结果记入表 6-5-1 中。

表 6-5-1　电动机启动电流和空载电流的测量（单位：A）

钳形电流表		启动电流		空载电流		导线在钳口绕两匝时的空载电流		缺相电流			
型号	规格	量程	读数	量程	读数	量程	读数	量程	读数		
									U	V	W

项目评价

1. 每组选派一名代表以 PPT、录像或影片的形式向全班展示、汇报学习成果。

2. 在每位代表展示结束后，其他每组选派一名代表进行简要点评。

学生代表点评记录：

3．项目评价内容。

项目评价表

评价内容	学习任务	配分	评分标准	得分
专业能力	任务 1 三相交流电的测试	10	完成任务，功能正常得 5 分；方法步骤正确，动作准确得 2 分；符合操作规程，人员设备安全得 2 分；遵守纪律，积极合作，工位整洁得 1 分。损坏设备和零件此题不得分	
	任务 2 三相交流电接电灯泡	20	完成任务，功能正常得 12 分；方法步骤正确，动作准确得 3 分；符合操作规程，人员设备安全得 3 分；遵守纪律，积极合作，工位整洁得 2 分。损坏设备和零件此题不得分	
	任务 3 三相交流电接交流接触器	20	完成任务，功能正常得 12 分；方法步骤正确，动作准确得 3 分；符合操作规程，人员设备安全得 3 分；遵守纪律，积极合作，工位整洁得 2 分。损坏设备和零件此题不得分	
	任务 4 三相异步电动机 Y 形和△形的连接	10	完成任务，功能正常得 12 分；方法步骤正确，动作准确得 3 分；符合操作规程，人员设备安全得 3 分；遵守纪律，积极合作，工位整洁得 2 分。损坏设备和零件此题不得分	
	任务 5 三相异步电动机启动电流、空载电流的测量	20	完成任务，功能正常得 12 分；方法步骤正确，动作准确得 3 分；符合操作规程，人员设备安全得 3 分；遵守纪律，积极合作，工位整洁得 2 分。损坏设备和零件此题不得分	
方法能力	任务 1～5 整个工作过程	10	信息收集和筛选能力、制订工作计划、独立决策、自我评价和接受他人评价的承受能力、测量方法、计算机应用能力。根据任务 1～6 工作过程表现评分	
社会能力	任务 1～5 整个工作过程	10	团队协作能力、沟通能力、对环境的适应能力、心理承受能力。根据任务 1～6 工作过程表现评分	
总得分				

4．指导老师总结与点评记录：

5．学习总结：

思考与练习

一、填空题

1．三相交流电源是三个_____、_____而_____的单相交流电源按一定方式的组合。

2．由三根_____线和一根_____线所组成的供电线路，称为三相四线制电路。三相电动势到达最大值的先后次序称为。

3．三相四线制供电系统可输出两种电压供用户选择，即_____电压和_____电压。这两种电压的数值关系是_____，相位关系是_____。

4．如果对称三相交流电源的 U 相电动势 $e_u=E_m\sin(314t+\pi 6)V$，那么其余两相电动势分别为 $e_v=$_____V，$e_w=$_____V。

5．三相对称负载作星形连接时，U Y 相=UY 线，且 IY 相=IY 线，此时中性线电流为_____。

6．三相对称负载作三角形连接时，U△线=U△相，且 I△线=I△相，各线电流比相应的相电流_____。

7．不对称星形负载的三相电路，必须采用_____供电，中线不许安装_____和_____。

8．某对称三相负载，每相负载的额定电压为 220 V，当三相电源的线电压为 380 V 时，负载应作_____连接；当三相电源的线电压为 220 V 时，负载应作_____连接。

二、判断题

1．一个三相四线制供电线路中，若相电压为 220 V，则电路线电压为 311 V。 （　　）

2．三相负载越接近对称，中线电流就越小。 （　　）

3．两根相线之间的电压叫相电压。 （　　）

4．三相交流电源是由频率、有效值、相位都相同的三个单个交流电源按一定方式组合起来的。 （　　）

5．三相对称负载的相电流是指电源相线上的电流。 （　　）

6．在对称负载的三相交流电路中，中性线上的电流为零。 （　　）

7．三相对称负载连成三角形时，线电流的有效值是相电流有效值的 3 倍，且相位比相应的相电流超前 30°。 （　　）

8．一台三相电动机，每个绕组的额定电压是 220 V，现三相电源的线电压是 380 V，则这台电动机的绕组应连成三角形。 （　　）

三、选择题

1．某三相对称电源电压为 380 V，则其线电压的最大值为（　　）V。

A．3802　　　　　B．3803　　　　　C．3806　　　　　D．38023

2．三相交流电相序 U-V-W-U 属（　　　）。

　　A．正序　　　　　　B．负序　　　　　　C．零序

3．在三相四线制电源中，用电压表测量电源线的电压以确定零线，测量结果 U_{12}=380 V，U_{23} =220 V，则（　　　）。

　　A．2 号为零线　　　B．3 号为零线　　　C．4 号为零线

四、问答与计算题

1．如果给你一个验电笔或者一个量程为 500 V 的交流电压表，你能确定三相四线制供电线路中的相线和中线吗？试说出所用方法。

2．一个三相电炉，每相电阻为 22 Ω，接到线电压为 380 V 的对称三相电源上。

①　求相电压、相电流和线电流；

②　当电炉接成三角形时，求相电压、相电流和线电流。

五、作图题

1．画出三组三相负载分别按三相三线制星形、三相三线制三角形和三相四线制星形连接并接入供电线路的原理图。

2．白炽灯的额定电压为 220 V，如何将该白炽灯接到线电压为 380 V 的对称三相三线制和三相四线制供电电源上？画出线路的原理图。

反侵权盗版声明

电子工业出版社依法对本作品享有专有出版权。任何未经权利人书面许可，复制、销售或通过信息网络传播本作品的行为；歪曲、篡改、剽窃本作品的行为，均违反《中华人民共和国著作权法》，其行为人应承担相应的民事责任和行政责任，构成犯罪的，将被依法追究刑事责任。

为了维护市场秩序，保护权利人的合法权益，我社将依法查处和打击侵权盗版的单位和个人。欢迎社会各界人士积极举报侵权盗版行为，本社将奖励举报有功人员，并保证举报人的信息不被泄露。

举报电话：（010）88254396；（010）88258888

传　　真：（010）88254397

E-mail：　dbqq@phei.com.cn

通信地址：北京市万寿路 173 信箱

　　　　　电子工业出版社总编办公室

邮　　编：100036